国家科学技术学术著作出版基金资助出版

仿脑智能控制

——基于脑操作特性神经网络的设计方法

宋永端　编著

U0175859

科学出版社

北京

内 容 简 介

本书介绍仿脑操作特性的神经网络控制设计方法及其在机器人系统中的应用。全书共 5 章：第 1 章为绪论；第 2 章介绍受操作性条件反射启发的仿生神经网络非线性控制；第 3 章介绍伴有局部权值学习及有限神经元自增长（FNSG）策略的神经自适应控制，同时也给出其应用领域内的算法仿真实例；第 4 章介绍基于多内涵自调节神经网络的仿生智能控制；第 5 章介绍仿生智能控制在多自由度机器人系统中的应用，并给出详细的仿真过程及结果。

本书可作为高等院校控制工程与技术、工业自动化、机电工程等专业研究生、博士生教材，亦可作为从事神经网络、智能控制、机器人控制等相关专业的教师和科研人员的参考书。

图书在版编目(CIP)数据

仿脑智能控制：基于脑操作特性神经网络的设计方法 / 宋永端编著. — 北京：科学出版社，2021.5
ISBN 978-7-03-067532-3

Ⅰ.①仿… Ⅱ.①宋… Ⅲ.①智能控制 Ⅳ.①TP273

中国版本图书馆 CIP 数据核字 (2020) 第 258241 号

责任编辑：孟　锐／责任校对：彭　映
责任印制：罗　科／封面设计：墨创文化

科学出版社 出版
北京东黄城根北街 16 号
邮政编码：100717
http://www.sciencep.com

成都锦瑞印刷有限责任公司 印刷
科学出版社发行　各地新华书店经销

*

2021 年 5 月第 一 版　　开本：B5 (720×1000)
2021 年 5 月第一次印刷　　印张：10 1/2
字数：220 000

定价：98.00 元
（如有印装质量问题，我社负责调换）

编 委 会

前　　言

随着控制对象及控制目标、任务和所处环境的复杂性提高，基于系统模型与规则的传统控制方法越来越难以满足系统对控制品质的要求。研究针对复杂非线性系统的智能控制方法，降低对系统模型的依赖程度，增强控制系统自学习和自适应能力，具有重要意义。

本书旨在介绍一类智能控制方法，应对因实际系统模型的严重非线性、结构漂移、不确定外界扰动、机械结构磨损、核心部件(执行器和传感器)功能失效、子系统故障所导致的控制性能恶化问题。该方法的核心思想是构建更贴近生物系统相关特性的人工神经网络，使其能够在非线性系统控制中发挥更好的自学习和自适应能力，从而提高系统的整体控制性能，如控制精度、收敛速度、运算效率、抗干扰性和运行平稳性等。本书围绕以下内容展开。

(1) 从操作性条件反射学习原理出发，提出并建立一种面向智能系统的奖赏机制和具有神经自适应单元的操作性条件反射仿生模型(operant conditioning bionic model，OCBM)。该模型具有自动调节权值、神经元子网络数量和基函数结构参数的能力。针对一类未知高阶非仿射系统，设计基于OCBM的仿生控制器，并利用OCBM网络对系统中的混合未知不确定项进行学习。以李雅普诺夫稳定性分析为基础，所得出的控制策略可以确保闭环系统的最终一致收敛。通过仿真对比研究，验证了OCBM控制方法能够应对系统模型未知、结构漂移和不确定外界干扰等，并且在收敛速度、控制精度和运算效率方面优于一些传统方法。

(2) 结合局部权值学习框架，对OCBM网络进行改进，提出引导神经元簇自动添加过程的有限神经元自增长(finite neuron self-growing，FNSG)策略，形成了神经元可按需生长的自调节神经网络结构雏形。借助受限李雅普诺夫函数(barrier Lyapunov function，BLF)，确保神经网络训练输入能够始终满足紧集先决条件，避免切换控制中信号的不连续问题。同时，通过设计光滑饱和函数、连续权值更新律以及高斯权重函数，保证控制器信号光滑连续性。相比神经元数固定和自组织控制方法，仿真结果表明，基于FNSG策略的控制器可以有效抑制冗余神经元的生成，节省系统运行资源。

(3) 模仿脑神经系统的结构和调节机制，构建一种具有时变理想权值、多元化基函数、神经元可自动增减特征的多内涵自调节神经网络(multiple self-adjusting elements based neural network，MSAE-NN)。针对一类模型不连续的高阶非仿射系统，提出基于MSAE-NN的控制方法。结合鲁棒自适应和BLF的设计方法，确保基于万能逼近定理的神经网络学习/重构功能。此外，将 FNSG 策略拓展为神经元可自动增加或减少的方案，并引入神经元平滑增减操作函数，使控制信号在神经元新增和被剔除时仍具有平滑性，从而提升系统的整体控制品质。

(4) 以多自由度机器人系统为控制对象，将 MSAE-NN 拓展应用到多输入多输出非仿射系统中。结合关节空间和笛卡儿空间的具体任务，设计基于 MSAE-NN 的神经自适应控制方法，用于应对不确定跳变扰动和部分控制通道的执行器完全失效的情形。通过采用 MSAE-NN 模型，所提方法可以避免对基函数参数的估计和人工调参过程。同时，基于 BLF 制定的控制策略确保了 MSAE-NN 在系统运行期间的有效性。值得一提的是，该控制方法不仅不依赖模型本身的参数信息，还具有结构简单、经济实用和易于开发的特点。

本书的编写得到国家科学技术学术著作出版基金和国家自然科学基金项目的资助。特别感谢贾梓筠博士在本书策划和编写中的贡献。同时，以下老师和同学提供了大量帮助：蔡文川、马铁东、张东、赵凯、周淑燕、曹晔、郭俊霞、马亚萍、陈清等，在此一并表示感谢。本书的编写还得到重庆大学自动化学院、重庆大学人工智能研究院以及重庆市智慧无人系统重点实验室的大力支持，本书内容得益于国内外神经网络、智能控制领域的专家与学者的相关论文和专著，作者在此深表谢意。

神经网络技术的发展和应用日新月异，由于作者的水平有限，书中疏漏之处在所难免，敬请读者批评指正！

目　　录

第1章 绪　　论

1.1　背　　景

1.1.1　智能控制的基础知识

随着万物互联时代的开启和社会自动化水平的提高，相关领域对系统的智能程度要求日益严苛，智能系统的复杂度呈现指数级增长。以经典自动控制和现代控制理论为代表的传统控制方法面临发展瓶颈，并表现在以下方面。

(1) 受实际系统复杂非线性、时变性、在运行期间的不可测噪声、未知外界扰动、核心元部件和子系统故障等因素影响，无法建立准确的数学模型。

(2) 在许多实际场景中，过度依赖严苛假设的方法不仅无法实现预期控制目标，还可能造成系统的不稳定，甚至引发事故。

(3) 对于复杂未知非线性系统的建模与控制过程，往往需要较多的人为干预，而系统本身的自适应与自学习能力薄弱。

(4) 为提高系统整体控制性能，不仅需要采用更高性能的硬件计算平台，还要引入较多规则和约束条件，导致系统成本提高、开发周期延长、系统通用性受限等问题。

不难看出，基于模型和规则的传统控制方法已越来越难以满足复杂系统控制品质的要求。因此，在持续提高系统响应速度、控制精度和容错能力的同时，研究面向高度非线性和不确定系统的控制方法，对加强系统的自学习和自适应能力以及确保系统平稳、安全运行具有重要理论及实际意义。

近年来，得益于人工智能(artificial intelligence，AI)技术取得的巨大突破，针对复杂非线性系统的先进控制方法吸引了众多研究学者的目光。在经历了开环控制、反馈控制、最优控制、随机控制、鲁棒自适应控制、自学习控制等关键时期后，智能控制正式登上历史舞台[1-4]。目前，智能控制代表着控制学科发展的高级阶段，其所固有的控制复杂性远超过其他方法[5, 6]。如图 1-1 所示，通过与人工智能技术紧密结合，传统控制方法中涉及的人力成本得以降低[4-6]。

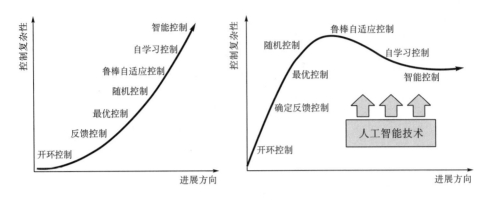

图 1-1　控制学科发展历程及规律

　　智能控制是一种针对控制对象及其目标、任务和所处环境的不确定性与复杂性而提出的新兴控制理论，具有多学科交叉属性，如图 1-2 所示[7-11]。目前，智能控制拥有两条研究途径：一方面是通过发展系统软硬件和人工智能技术，优化对复杂非线性系统的整体控制性能；另一方面是汲取跨学科知识，创立边缘交叉学科，采用新方法和新技术，突破传统控制方法的瓶颈约束。例如，将人工神经网络与自适应控制方法结合，可以实现权值的在线实时调节[7-9]，从而提升系统的自适应性；在 PID［比例（proportin）、积分（integral）、微分（differential）］控制中引入神经元结构，能够减少人工调参的重复性工作[10, 11]；将机器学习与机器人传统控制结合，可以提升系统的自主学习能力[12]等。鉴于此，拓展智能控制的研究范畴、归纳提炼新方法并在实际系统中予以验证，对推动智能控制的发展具有重要意义。

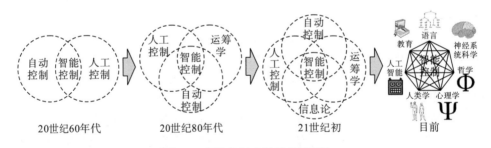

图 1-2　智能控制多学科交叉属性

1.1.2　脑科学技术研究

　　脑科学技术研究是 21 世纪人类所面临的重大挑战。理解脑的工作机制，进而揭示人类智能的形成和运作原理，对人脑认知功能开发、模拟和保护，决定未来人口素质，抢占国际竞争的技术制高点具有重要意义。科技发达国家和国际组织早已充分认识到脑科学研究的重要性，在既有的脑科学研究支持外相继启动了各自有所侧重的脑科学计划。

（1）美国创新性神经技术大脑研究计划［Brain Research through Advancing Innovative Neurotechnologies（BRAIN）Initiative］。2013 年 4 月 2 日，美国总统奥巴马宣布启动创新性神经技术大脑研究计划，旨在绘制显示脑细胞和复杂神经回路快速相互作用的脑部动态图像，研究大脑功能和行为的复杂联系，了解大脑对大量信息的记录、处理、应用、存储和检索的过程，改变人类对大脑的认识。最终目的是产生对脑功能障碍的认识，帮助研究人员找到预防、治疗及治愈阿尔茨海默病、创伤性脑损伤等脑部疾病的新方法。

（2）欧盟人类脑计划（Human Brain Project）。2013 年欧盟推出了由 15 个欧洲国家参与、预期 10 年的人类脑计划。欧盟人类脑计划的目标是开发信息和通信技术平台，致力于神经信息学、大脑模拟、高性能计算、医学信息学、神经形态的计算和神经机器人研究。侧重于通过超级计算机技术来模拟脑功能，以实现人工智能。欧盟人类脑计划分为三个重要阶段，分别是 2013 年 10 月～2016 年 10 月的快速启动阶段、2016 年 10 月～2018 年 8 月的运作阶段，以及最后 5 年的稳定阶段。

（3）日本大脑研究计划（Brain Mapping by Integrated Neurotechnologies for Disease Studies，Brain/MINDS）。该计划为 2014 年由日本科学家发起的神经科学研究计划。该项目将在 10 年内受到日本教育部、文化部以及日本医学研究与发展委员会共 400 亿日元的资助。Brain/MINDS 由日本 47 家研究单位的 65 个实验室组成，旨在通过融合灵长类模式动物（猕猴）多种神经技术的研究，弥补曾经利用啮齿类动物研究人类神经生理机制的缺陷，并且建立猕猴脑发育以及疾病发生的动物模型。

（4）澳大利亚脑计划（Australian Brain Initiative）。2016 年 2 月澳大利亚脑联盟正式成立，集合了澳大利亚国内包括澳大利亚神经科学学会和澳大利亚心理学会在内的神经科学和行为科学的研究团体的科学家，为超过 28 个成员组织的脑研究项目提供支持。该计划主要的研究路线包括三方面。①健康：通过揭示神经精神疾病的脑异常机制发展新的治疗手段。②教育：通过编码神经环路和脑网络的认知功能来帮助提高脑力成长。③新工业：通过促进工业合作者和脑研究的结合，研发新的药物、医疗设备并发展可穿戴技术。

（5）加拿大脑计划（Brain Canada）。该项目长期得到多个商业和科学组织资助，目标是改变加拿大的脑研究现状。该计划有三个基本原则。①核心脑原则：从复杂系统的角度研究脑的观念，为理解健康人脑和患者脑提供支持。②合作原则：核心脑方法强调通过训练和体系来提高合作的重要性。③核心社区原则：通过增加资金规模来强化加拿大脑研究社群。

（6）韩国脑计划（Korea Brain Initiative）。该计划的核心是破译大脑的功能和机制，调节作为决策基础的大脑功能的整合和控制机制。该计划还包括开发用于集成脑成像的新技术和工具。韩国脑科学研发工作集中在四个核心领域：①在多个尺度构建大脑图谱；②开发用于脑测绘的创新神经技术；③加强人工智能相关研发；④开发神经系统疾病的个性化医疗。

(7)中国脑计划(China Brain Project)。中国脑计划已酝酿多年，中华人民共和国科学技术部与国家自然科学基金委员会组织的许多战略会议上的讨论已经达成共识，认识到人类认知的神经基础是神经科学的普遍目标，应作为中国脑计划的核心问题。中国脑计划制定为 15 年计划(2016～2030 年)，2016～2020 年与中国"十三五"国民经济和社会发展规划纲要相吻合，将面向世界智能科技前沿和"健康中国 2030"的战略需要，发展我国脑科学、类脑技术，从认识脑、保护脑和模拟脑三个方向展开研究，逐步形成以脑认知功能的解析和技术平台为一体，以认知障碍相关重大脑疾病诊治和类脑计算与脑机智能技术为两翼的"一体两翼"研究布局。

1.2 智能控制研究现状

智能控制强调人工智能、运筹学、信息论与自动控制的深度融合，是控制领域包容性最强的理论学科。智能控制不仅具备控制学科中严密的理论分析过程，同时具有模仿脑工作方式的特征。有趣的是，通过探索和研究受生物界、自然界启发的设计方法(人工神经网络、模糊逻辑、遗传算法等)，智能系统可以具备模拟部分人脑学习、推理、决策和交互的过程。经过近 30 年的发展，智能控制的研究取得了丰硕成果，并形成了以神经网络控制、模糊控制、专家控制为主的三大理论体系，如图 1-3 所示[1, 4]。此外，结合计算机科学、系统科学、运筹学、信息论、人工智能、生物学、脑认知科学等前沿学科知识，一些新兴控制方法(如仿生/拟人智能控制、多智能体系统控制、学习控制和网络控制等)也相继纳入智能控制的研究范畴。

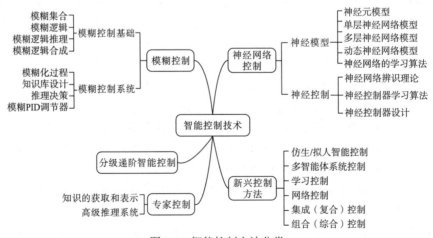

图 1-3　智能控制方法分类

迄今为止，智能控制理论不仅成功应用于航空航天[13, 14]、电力电子[15-17]、交通运输[18-21]、移动机器人[22-24]等场景，在新兴信息技术行业内更是备受青睐，特别是与工业和服务机器人产品化、商业化相关的场景。图 1-4 总结了 2016 年第四季度社交化机器人的发展现状。不难看出，作为集理论与技术之大成于一身者，机器人是连接前沿技术与终端产品的最佳平台。正如在 2013 年《美国机器人发展蓝图之从互联网到机器人》中所述，机器人正在以一种更便宜、更聪明、更多样化的方式加速走进人们的生活。

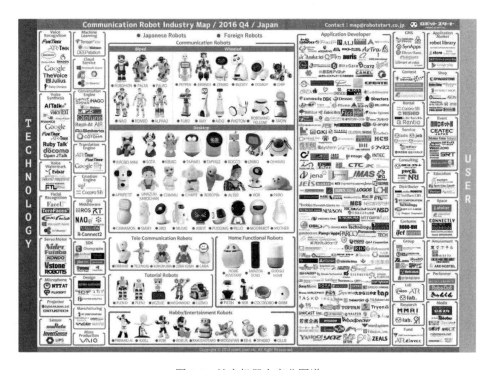

图 1-4　社交机器人产业图谱

1.2.1　智能控制系统宏观结构

作为多学科交叉融合的产物，智能控制致力于从算法、软件、硬件、机械结构和系统集成等多个角度出发，模拟高等生物的学习能力与适应能力。在无须(或少量)人为干预的情况下，智能控制可以使系统独立自主地完成给定的任务，从而提升控制系统本身的易用性、通用性和可靠性，将人们从繁重的体力劳动和复杂的脑力劳动中解放出来。

智能控制系统的宏观结构如图 1-5 所示，主要包含五个部分：①广义受控系统及其所处的外部环境；②用于获取受控系统和外部环境信息的各类传感器；③作用于受控系统的各类执行器；④核心算法引擎，掌管整个系统运行过程中的感知、认知和行动环节；⑤用户监控接口，用于监测和控制传感器与执行器的运行状态，或直接人工干预引擎层的输出结果。其中，核心算法引擎在提升系统整体智能化程度中扮演着至关重要的角色。相关研究热点涉及对传感器信号的辨识、预处理和优化，对系统任务的描述与环境建模，对知识与经验信息的接收、存储、分析、归纳和更新，以及对行动的规划与推理、决策与协调及控制算法与策略设计等。

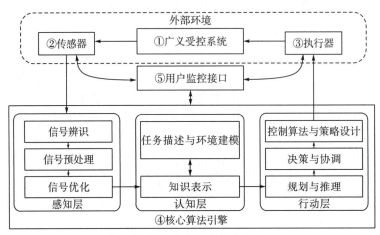

图 1-5　智能控制系统的宏观结构

在这一研究体系下，智能控制系统被赋予以自学习、自适应和自组织为代表的三大核心能力。其中，自学习能力指对被控系统参数的学习和对知识的更新；自适应能力指系统输入不是已有学习样本时，依然能够产生合适的输出指令，特别是在遇到未知扰动和子系统故障时，系统继续保持稳定运行的能力；自组织能力使系统具有自主协调、决策和处理复杂控制任务的能力。此外，智能控制系统还具有对故障的自动诊断、屏蔽和恢复的容错能力，对不确定性因素的鲁棒能力，做出快速实时响应的能力以及友好的人机交互能力等[5, 6]。

1.2.2　神经网络控制的最新进展

神经网络控制，简称神经控制，是神经科学与控制科学紧密结合的产物，属于智能控制研究范畴的一个重要分支。

从本质上看，神经网络（neural network，NN）是一类模拟高等动物脑神经系统的工作机制、微观结构和信息处理方式而简化出的数学模型，具备高度并行结构、非线性函数逼近能力以及对不确定环境的学习力和适应力等特点。因此，NN 常被视为非线性系统分析和设计强有力的工具，为含有复杂非线性和不确定、不确知系统的控制问题提供新的解决方案。与经典控制、现代控制和最优控制方法相比，神经控制的优势在于其省去了人工对系统建模的过程，能够适应复杂变化的环境、系统内部与外部的干扰以及子系统故障等情形，有助于提升系统整体的鲁棒性与容错性。

总体上看，神经控制是近 20 年来处于发展中的先进控制技术，其研究成果主要包括以下三类。

(1)与 NN 自身拓扑结构、工作原理和收敛性等相关的基础理论研究成果。比较经典的 NN 模型包括反向传播网络(back propagation network，BPN)、径向基函数神经网络(radial basis function NN，RBFNN)、PID 网络、Hopfield 网络以及深度神经网络(deep NN，DNN)。图 1-6 为 1957～2006 年，神经网络拓扑结构的演进方向[25, 26]。

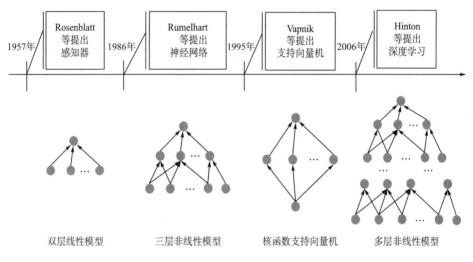

图 1-6　神经网络拓扑结构演进

随着计算机处理、运算和存储性能的大幅度提升，依赖超大规模运算量的深度神经网络成为学术界与产业界共同的研究焦点。深度神经网络融合了多种已知的网络结构，如前馈型的多层感知机(multi layerer percetron，MLP)、卷积神经网络(convolute NN，CNN)、反馈型的递归神经网络(recurrent NN，RNN)等。DNN由于具有很好的迁移性质(即对于一个训练好的模型可用于解决多个实际问题)被率先成功应用于计算机视觉、语音识别和自然语言处理等领域。在国际上，IBM、Google 等都在深度神经网络应用研究中相继取得突破性进展；国内方面，阿里巴巴、科大讯飞、中国科学院自动化研究所等也在迅速开展深度学习上述领域的研究工作。

值得一提的是，深度神经网络是通过增加 NN 层数而获取对现实的刻画能力，即利用每层更少的神经元拟合更加复杂的非线性函数[25]。然而，随着 NN 隐含层层数的加深，优化函数将越来越容易陷入局部最优解，并且偏离真正的全局最优。

采用有限的数据训练深度网络，效果甚至不如浅层网络。此外，层数的增多还会直接引起梯度指数衰减（又称梯度弥散）现象，使得在训练信号传递过程中，位于下层（或称深层、后层）的神经元难以感知/接收到有效的信号。为缓解局部最优解问题，Hinton 和 Salakhutdinov 利用预训练方法将隐含层扩展至 7 层[26]。为避免梯度弥散问题，2016 年出现了高速公路网络模型（highway network）[27, 28]和深度残差学习（deep residual learning，DRL）[29]，DRL 的网络层数已达到前所未有的 152 层。尽管如此，深度神经网络在实际应用中依然存在许多棘手的问题。例如，如何确定网络结构和调节参数对最终效果起到决定性作用。由于深度神经网络中涉及参数繁多，每一个未知激活函数的选取、网络的具体连接方式以及权值学习速率等都需要凭借经验来确定，消耗巨大的人力成本。此外，对于这类模型的正确性验证过程也十分复杂，对于某些场景甚至无法从理论上证明方法的有效性。而为了缩短训练时间，某些模型在训练和线上部署中均采用了图形处理器（graphics processing unit，GPU），代价则是需要投入高昂的硬件生产成本。因此，深度神经网络尚难以在对实时性和成本有严格要求的控制领域中应用。

（2）基于已知 NN 模型的各类神经控制器设计方法，用于解决各种复杂的非线性、不确定、不确知系统的辨识与控制问题。区别于深度学习中训练集和测试集的设置以及二者满足同分布的假设，神经控制器的优越性在于通过设计线上自适应学习策略，使系统在运行期间能够自动学习和适应新的变化。例如，将 RBFNN 与自适应控制方法结合，在实现神经元权值在线调节的同时，可以从理论上证明闭环系统的稳定性和收敛性[30]；将自组织型 NN 与切换控制结合，可以减少系统中冗余神经元数，并且加强系统的抗干扰能力和自适应力[31]；将 PID 网络与鲁棒自适应容错控制结合，能够在多输入多输出（multiple input multiple output，MIMO）系统中避免对 PID 参数的人工调节工作，所合成的控制器具有结构简单和易于集成等特点[32]。

近年来，形成了以 NN 直接逆模型控制[33]、神经内模控制[34]、模型参考自适应控制[35]、NN 预测控制[36, 37]、神经 PID 控制[10, 11]为主的传统神经控制方法。通过引入反步[19, 38, 39]、滑模[40-43]、鲁棒[41, 44-48]和容错[21, 49-52]等设计思想，神经控制器可以更加有针对性地解决某类系统的控制问题，因此该类成果具有很高的理论指导价值，在整个神经控制领域所占比例最大。然而，由于现有的神经控制方法全部依赖于万能逼近定理（universal approximation theorem，UAT），当 UAT 不满足时，NN 并不能有效地补偿系统的未知非线性。特别是在实际系统中存在过多不确定因素，如模型结构漂移、执行器故障、未知外界干扰等情况时有发生，建立在 UAT 基础上的传统神经控制器有可能面临无法正常工作的风险。此外，NN 本身的复杂结构也会给控制器带来额外的计算开销，同样会涉及人工调参的重复工作。不恰当的参数选取，过于苛刻的假设条件，都将导致神经控制器的进一步失效，以致整个控制系统的瘫痪。因此，大多数第二类成果还停留在系统仿真和实验层面，即使其在实验过程中表现出色，也很难在真实的生产生活环境中投入使用。

(3)源自神经科学客观事实的启发。旨在结合神经生理学、解剖学与脑科学中的发现，设计新的 NN 模型或对现有模型的运行机制与组成方式进行改进，然后将所设计/改进的模型应用到复杂非线性系统的控制中，从而提升智能系统的总体表现，如控制精度、收敛速度、运算效率、抗干扰性和运行平稳性等。值得一提的是，这类成果既包括对 NN 拓扑结构的探索，又兼顾了新模型在控制系统中的应用，因此实际上是第一、二类研究工作的前提。这就相当于在研究某 NN 模型特性之前，需要首先构造这样一个模型；又相当于在使用基于某 NN 模型的控制方法前，应当首先验证这一方法的可行性和有效性。

由于第三类研究横跨控制科学与神经科学两大前沿领域，其研究门槛相对较高，专门针对第三类的研究并不多见。比较典型的两个案例分别是小脑模型关联控制器(cerebellar model articulation controller，CMAC)和最近流行的强化/增强学习(reinforcement learning，RL)。这二者的共同点在于其严格的数学模型推导过程具有生物层面的合理性，即属于数理生物学的研究范畴。与 DNN 本质不同的是，CMAC 与 RL 是先受到生物学原理启发，后建立的数学模型；DNN 则是基于已有模型直接从数学层面做出的改进。因此，CMAC 与 RL 是更贴近模仿脑工作原理的方法，并且常见于机器人系统的控制中[53-61]。

关于 CMAC 的研究始于 1971 年，是由 Albus 和 Marr 等根据小脑皮质的原理提出的一种模拟脊椎动物小脑机能的神经网络，首先应用于机械臂的运动控制[61-63]。从字义上不难看出，CMAC 的生物学启示来自对小脑部分功能的洞察。具体而言，人的小脑主要负责管理运动功能，并通过小脑皮质神经系统从人体各个器官中(如肌肉、关节和皮肤)接收自身与环境的反馈信息。这些信息存储在小脑的某一特定区域并在需要时被提取出来，加工成"控制指令"发送给肌肉组织，从而驱动和协调肌肉的运动[64]。CMAC 则是通过模拟小脑对感知信息的存储、提取、加工和发送过程，实现对多关节机器人的系统控制。目前，基于 CMAC 的智能控制方法已在多种控制系统中使用。例如，在工业机械臂手眼协调控制任务中实现 PID 参数自适应[56]；在外界扰动力存在时，提高双足机器人动态行走的鲁棒性[65]等。为面向更为复杂、多变和特殊的任务，在 CMAC 研究框架下还衍生出许多新型控制方案。例如，文献[60]提出了一种自组织 CMAC 模型，用于解决一类不确知多输入多输出非线性系统的控制问题；文献[39]设计了一种 TSK 型模糊 CMAC 网络，用于逼近反步控制器的理想输出，并通过引入鲁棒补偿项抵消近似误差，从而确保模型未知闭环系统的渐近稳定性；文献[57]针对冷凝器清理的爬行机器人设计了一种基于可复现的模糊小波 CMAC 力控制方法。

关于 RL 的研究已有近百年，其设计灵感可以追溯到 1932 年。当时美国心理学家 Thorndike 发表了一篇关于个体学习原理的文章,总结了个体学习的效果律[64]。

随后，美国行为学家 Skinner 建立了操作性条件反射理论[65]，形成了 RL 的概念雏形。由于个体在尝试不同行为后，更加倾向于那些能够为其带来奖励的行为而摈弃使其受到惩罚的行为，可以通过对个体做出的某一行为予以奖励或惩罚，从而改善后续其尝试该行为的频率。1997 年，英国科学家 Schultz 等在 *Science* 上发表了关于时间差分学习与神经科学存在联系的文章[66]，并通过实验证明了中脑多巴胺系统在处理正向奖励刺激、生成传递奖励信号和改善个体后续行为中扮演重要角色[67]。1998 年，Sutton 和 Barto 对 RL 的起源、发展、关键技术以及应用进行了全面介绍[68]，为 RL 的进一步发展奠定了基础。目前，RL 已被成功用于解决各种复杂系统的控制问题。例如，针对离散型 MIMO 系统，文献[49]采用 RL 算法减少了在自适应容错控制器中涉及的学习参数；文献[69]提出了一种基于运动员/裁判员策略的 NN 控制架构，并将其用于非仿射单输入单输出(singal input singal output，SISO)系统的输出反馈控制，同时结合李雅普诺夫稳定性分析方法证明了闭环系统的一致最终有界性；Mnih 等采用类似深度神经网络的训练方式，成功开发出一种被称为 Deep Q-network 的人工智能体。结合端到端的强化学习，智能体可以直接从高维度传感器输入数据中习得各种策略。从某种层面上讲，这类智能体的控制方式达到了人脑级别的高度[70]。值得一提的是，该成果于 2015 年在 *Nature* 上发表，是近两年 RL 控制领域引用最多的文献。

1.3 本书内容与体系架构

1.3.1 目标与意义

本书立足于神经控制的第三类研究，致力于达到以下研究目标。

（1）助力理论工程化。研究一套具有高性能、低成本、易于集成等特点的智能控制方法，并将其用于解决理论在工程化过程中面临的实际问题，特别是因系统模型的严重非线性、系统结构漂移、不确定外界扰动、机械结构磨损、核心部件(执行器和传感器)功能失效、子系统故障等导致的整体控制性能恶化问题。

（2）拓展智能控制的研究范畴。结合脑科学、神经生理学等跨学科知识，改进传统 NN 模型的运行机制与组成方式，使其能够在复杂系统控制中更好地发挥自学习和自适应能力，从而提高系统的控制精度、收敛速度、运算效率、抗干扰性和运行平稳性等。

（3）搭建控制理论与神经科学的桥梁。智能控制方法建立在严格的数学推理之上，而脑科学则更多关注细胞分子层面的客观/临床表现，对于神经模型内在机制的问题鲜有涉足。鉴于此，本书拟从智能控制的视角出发，详细阐述智能系统按照人们预期工作的原理，为构建真实的人脑模型提供新的思路和动力源泉。

1.3.2 内容概要

结合本书研究架构(图 1-7),后续章节的主要内容概括如下。

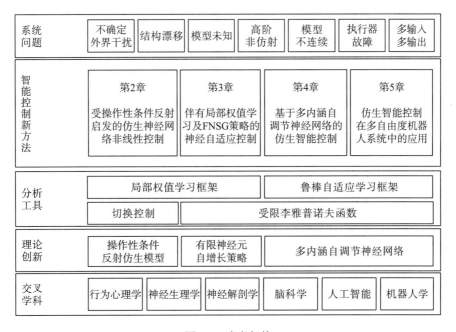

系统问题	不确定外界干扰	结构漂移	模型未知	高阶非仿射	模型不连续	执行器故障	多输入多输出
智能控制新方法	第2章 受操作性条件反射启发的仿生神经网络非线性控制		第3章 伴有局部权值学习及FNSG策略的神经自适应控制		第4章 基于多内涵自调节神经网络的仿生智能控制		第5章 仿生智能控制在多自由度机器人系统中的应用
分析工具	局部权值学习框架			鲁棒自适应学习框架			
	切换控制		受限李雅普诺夫函数				
理论创新	操作性条件反射仿生模型		有限神经元自增长策略		多内涵自调节神经网络		
交叉学科	行为心理学	神经生理学	神经解剖学	脑科学	人工智能		机器人学

图 1-7 本书架构

第 2 章从神经科学的角度出发,构建一种受仿生启发的人工神经网络并将其用于处理复杂不确定系统的未知非线性项。针对具有漂移结构的不确定非仿射系统,设计基于操作性条件反射仿生模型(OCBM)的控制方案,致力于在提高 NN 结构自由度的同时,实现更优质的控制效果。以李雅普诺夫稳定性理论为基础,确保所设计的 OCBM 控制器具有一致最终收敛性。通过多维度的仿真对比研究,控制器的有效性得以验证。

第 3 章针对一类 n 阶不确定非仿射系统,提出一种新型神经自适应控制策略。将受限李雅普诺夫函数与局部权值学习框架结合,确保 NN 训练输入在系统运行过程中始终处于紧集之内。同时,将第 2 章建立的 OCBM 拓展为有限神经元自增长(FNSG)策略,用于引导神经元数量的自动增长过程。该策略为构建具有更强学习能力的自动调节型 NN 模型打下重要基础。此外,饱和函数结构的优化、高斯权重函数的选取和连续权值更新律的设计使系统可以产生最终光滑的控制信号。相比传统的神经控制方案,本章涉及的方法能够有效减少冗余神经元的生成,具有较高的算法执行效率以及较快的收敛速度。

第 4 章以高阶不确定非仿射系统为被控对象,研究在模型不连续时的神经控制方法。在 FNSG 策略基础上，提出了可动态更新的多内涵自调节神经网络 (MSAE-NN) 模型。该模型的超参数包括神经元数目、基函数结构参数和突触连接权，可以在线自动更新。本章将鲁棒自适应学习框架与基于虚拟参数的分析方法相结合，回避了 NN 逼近不连续函数的问题。同时，利用 BLF 确保了 NN 万能近似的持续有效性，进而提升了控制器本身的安全可靠性。本章添加了神经元平滑增减操作，使控制信号在神经元新增或被剔除时仍然具有平滑性。数值仿真的对比结果证明了基于 MSAE-NN 的智能控制方法的有效性和优越性。

第 5 章将上述 MSAE-NN 模型拓展至非仿射 MIMO 系统的应用中，并在一类具有跳变扰动和不确知性的多自由度机器人系统上验证其效果。针对关节空间与笛卡儿空间中的轨迹跟踪问题，设计了基于 MSAE-NN 的仿生自适应控制 (brain learning associated control，BLAC) 策略。与绝大多数机器人神经控制方法不同的是，BLAC 完整地继承了 MSAE-NN 的优质特性，即该模型中具有结构多元化的基函数和时变的理想权值，并且能够根据系统当前的输出偏差对神经元个数进行实时调整，从而避免人工通过反复试验的方式来配置 NN 相关参数的烦冗过程。由于 BLAC 本身并不依赖机器人动力学模型的精确信息，并且无须计算传统 NN 中庞大规模的权值估计向量，控制器具有结构简单且易于开发的特点，即使对于存在高度不确定非线性的系统，也能以较低的成本在工程系统中集成。

习 题 1

1. 目前，传统控制方法在控制研究领域受限的原因有哪些？
2. 简述智能控制的定义及研究现状。
3. 智能控制系统由哪几部分组成？请简要介绍。
4. 简述神经网络的定义及特点。
5. 概述神经网络的研究近况。

第 2 章　受操作性条件反射启发的
仿生神经网络非线性控制

本章从操作性条件反射的生物学原理出发，构建一种受仿生启发的人工神经网络(bio-artificial neural network，Bio-ANN)并将其用于处理复杂不确定系统的未知非线性项，针对 OCBM 的控制策略，致力于提高神经网络控制的有效性、灵活性与自适应性。以李雅普诺夫稳定性理论为基础，严格证明了 OCBM 控制器的一致最终有界性。仿真结果进一步验证了控制器的有效性。通过与其他已有方法的比较，本章的控制方案在最大化控制性能与最小化成本开销方面具有相对出色的表现。

2.1　引　　言

模拟人脑自学习和自构造的过程，从而适应不断变化的外界环境是仿生智能控制的一项重要任务，其中以人工神经网络(artificial neural network，ANN)最为典型。ANN 因其能够逼近任意 L_2 范数上的非线性函数这一特征，常作为一种备受青睐的数学工具在非线性系统控制领域被广泛应用。在诸多成果中[31, 37, 45, 46, 58-60, 71-93]，神经网络控制器可分为三种类型：离线训练权值的Ⅰ型控制器，基于固定网络结构的在线权值学习Ⅱ型控制器，以及网络结构可调节的在线权值学习Ⅲ型控制器。

截至目前，绝大多数研究工作集中在以Ⅰ型和Ⅱ型控制器为主的设计与开发中。在 20 世纪 90 年代以前，具有离线训练权值的固定结构神经网络Ⅰ型控制器取得了阶段性突破。Hornic 和 Stinchomebe 证明了多层前馈网络可以作为万能渐近器，即含有足够多神经元节点的 ANN 能够按照期望精度逼近任意连续函数[77]。为了改善离线权值训练网络的自适应能力，以万能逼近定理为核心的在线权值自适应控制方法应运而生。在 20 世纪 90 年代后，能够进行在线权值训练的神经网络成为控制领域的研究热点之一。将神经网络参数化与自适应控制理论结合，诞生了一系列面向非线性系统的在线自适应神经网络控制器[45, 46, 84-86]，其中包括高阶非仿射系统控制、时变系统控制、不确知多输入多输出系统控制、输入非线性控制、输出反馈控制等。这些方法的共同思路在于利用具有自适应权值的神经网络逼近需要获取的信号，如控制器输入和未知不确定非线性模型。为了遵守 UAT，II 型控制器在初始化时要求预置大量神经元，导致控制性能在很大程度上取决于人工选取的神经元个数与相应的结构参数。因此，这类控制方法通常会消耗巨大的系统运算资源，并产生过拟合的现象。

为突破 II 型控制器的使用局限性，基于权值与网络结构均能自动调整的III型控制器相继出现。以自动确定网络节点数为设计目标，III 型控制器旨在避免通过人工方式引入过多神经元而造成的运算负担和过度参数化问题。目前，主流的III型控制器有六种：局部权值学习控制(locally weighted learning control，LWLC)、自组织渐近控制(self-organizing approximation control，SOAC)、CMAC、进化模糊控制(evolutionary fuzzy control，EFC)、直接自适应控制(direct adaptive control，DAC)、实时模型自适应控制(real-time model predictive control，RT-MPC)。其中，LWLC[87-89]与 CMAC[58-60]用于典型仿射系统中，其根据神经网络输入状态将整体网络划分为多个独立的局部渐近器，不同渐近器中的基函数具有不同的中心位置。DAC 方法在实现渐近稳定跟踪上具有明显优势[92, 93]。然而，DAC 需要对控制信号 u 进行加减项处理，回避了直接处理非仿射模型 $f(x,u)$ 的问题，因此这类方法普遍不适合在非仿射系统控制中应用。EFC 方法能够有效减少模糊控制器所需的模糊规则信息，然而没有对闭环系统的稳定性和鲁棒性进行完备的分析证明。RT-MPC 避免了传统 MPC 需要高度依赖精确的系统非线性模型的问题，文献[37]提出利用自组织径向基网络对系统首先进行离线建模，然后将训练好的网络结构用于控制。然而，此类"先离线训练，后在线控制"的方法较难应对系统模型在整个运行期间发生变化的情况。SOAC 是III型控制器中比较常见的一种[31, 90, 91]，继承了 LWLC 的局部权值学习思想，根据结构自动调整更新局部渐近器的个数。为了达到给定的控制指标，SOAC 一般以牺牲算法执行效率为代价，导致控制器使用成本较高。综上，由于III型控制器出现的时间比较短，其理论体系尚不健全，存在很多值得深入讨论和不可预见的问题。例如，如何在系统运行期间自动生成合适数目神经元的神经网络，如何简化控制器结构和烦琐的稳定性分析过程，如何避免消耗过多运算资源的参数估计算法，如何优化网络拓扑结构从而进一步提升神经网络控制的有效性、灵活性与自适应性等。

本章以III型神经控制器为雏形，对具有自构造能力的神经网络控制方法进行优化与改进。创新之处与主要贡献如下。

(1)通过从行为心理学与神经生理学两个角度分析操作性条件反射的学习机理，提出了一种权值、基函数结构参数、神经元个数均可自动调整的仿生神经网络。与现有III型控制器的网络结构相比，该仿生网络不仅具有在线自适应的突触连接权，还能够在线自动调节基函数结构参数。

(2)采用类似于人体神经系统中神经核团的构成方式，为 ANN 引入了神经元簇结构，将功能相同的神经元划分为一类神经元簇，功能不同的神经元簇对神经网络的输入具有不同的响应。与传统 ANN 相比，这种含有簇状结构并且能够根据外界环境自动演变的神经网络更加贴近脑的工作方式。

（3）建立基于奖赏机制与神经自适应单元的操作性条件反射仿生模型（OCBM），其中包含上述 Bio-ANN 以及神经自适应单元呈现兴奋或抑制的前提条件，为构建仿生网络控制器提供充分的理论依据。

（4）基于 OCBM 的控制器减少了人工调参工作，不依赖精确的漂移非线性信息，无须离线训练与停机再编程过程，具有更加宽泛的系统运行条件，并且能够在确保控制精度的同时消耗较少的系统运算资源。

2.2　操作性条件反射学习机制

操作性条件反射（operant conditioning，OC）又称工具学习，是一种由刺激引起的行为改变过程。与经典条件反射不同，在 OC 中，个体的行为反应通过后天塑造而成，受到躯体性神经系统而非植物性神经系统支配，具有自发性和主动性。

本章将从行为心理学与神经生理学两个角度出发，深入分析 OC 学习过程，为建立 Bio-ANN 提供理论基础。

2.2.1　行为心理学层面的 OC 学习

心理学家 Thorndike 通过观察、记录饿猫逃离迷箱的过程（图 2-1），总结出生物个体学习的效果律[64, 94]。成功获取奖赏可以让生物个体产生满足感，这种结果会以经验形式"印入"个体脑中，使其后续表现该行为的频率增加；相反，没有得到奖赏或受到惩罚的行为会使个体产生厌恶感，在脑中形成"排斥"效果，进而减少这一行为的出现。在迷箱实验中，随着猫一次次成功逃离迷箱后得到食物，猫在操作迷箱时产生的无效行为逐步减少，而且其逃离迷箱的速度也越来越快。本书重新绘制出饿猫成功逃离迷箱的次数与其所需逃离时间的关系图（图 2-2）。由图 2-2 可见，猫在整个过程中并未表现出"顿悟"（曲线发生骤降），而是以一种循序渐进的方式进行学习（曲线平缓下降），即通过反复尝试逐渐掌握逃离迷箱的方法，这一结果与 Thorndike 提出的效果律相吻合。

行为学家 Skinner 在效果律的基础上，提出了以增强、惩罚与消弱为核心思想的 OC 学习理论体系（图 2-3）。一般地，OC 学习包括五种方式。①正向增强。表现为在生物个体产生某种行为后，通过对其施加喜爱的刺激（或称满欲刺激），该行为的出现频率增加。例如，以食物作为对老鼠的刺激，每当老鼠按下杠杆便可获得食物，从而增加它按压杠杆的行为。②负向增强。通过移除个体厌恶的刺激（或称伤害性刺激）增加某一行为出现的频率，分逃避型和积极回避型两种。在逃避型负向增强刺激中，个体行为通常发生在伤害性刺激之后，如按下闹铃停止开关可消除噪声带来的伤害性刺激。而在积极回避型负向增强中，行为发生在伤害性刺激之前，如通过努力学习避免得到坏成绩。③正向惩罚。在个体发生某行为后，通过施加厌恶性刺激减少行为再次发生的次数，如通过向猴子喷水阻止其抓取香蕉的行为。④负向惩罚。通过减少对个体的满欲刺激，减少个体某一行为发生，如在儿童犯错误时，将其喜爱的玩具拿走，可以减少再次犯错的发生。⑤消弱。指当个体的某一行为没有得到任何奖励或惩罚时，这一行为后续出现的频率会自发减少。例如，在 Skinner 的实验中，老鼠原本可以通过按下杠杆获得食物，但当研究人员不再提供食物后，老鼠按压杠杆的次数也会减少。

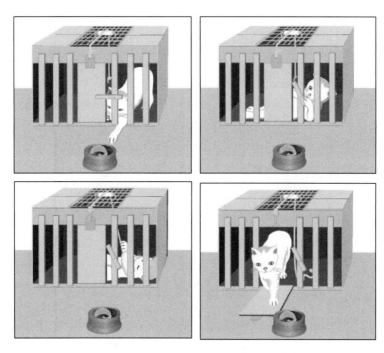

图 2-1　Thorndike 的迷箱实验简化示意图

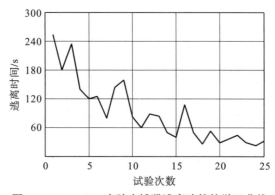

图 2-2　Thorndike 实验中饿猫逃离迷箱的学习曲线

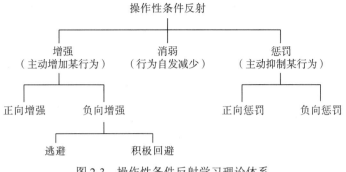

图 2-3　操作性条件反射学习理论体系

综上所述，对生物个体做出的行为结果给予不同类型的刺激可以改变这一结果在未来发生的频率。因此，OC 学习本质上是根据个体的行为表现，通过对其施加奖赏或惩罚从而增加或减少这一行为出现的方法。在 OC 学习的奖赏、惩罚和消弱的刺激下，个体的行为可以得到有效的训练与控制。

个体的训练效果与四个因素（DICS 因素）密切相关[95, 96]，包括刺激的缺乏度（deprivation）、刺激的即时性（immediacy）、刺激的伴随性（contingency）和刺激的大小（size）。不难理解，当个体缺乏某种刺激时（如饥饿状态），若对其做出的某一行为进行奖励（如食物），则可以提高该行为的出现频率，反之若个体已摆脱缺乏感（如吃饱状态），再给予其同样的奖励（如食物），则难以继续改变其当前的行为。同时，当个体做出一个行为后，越及时地施加奖惩刺激，训练效果越显著。例如，在 Thorndike 的实验中，饿猫在逃离迷箱后能立即得到食物，从而很快学会了逃离迷箱的方法。如果过两小时再给猫食物，训练效果显然会大打折扣。伴随性强调行为与刺激的一贯对应关系，即在每一次行为后都给予个体刺激能产生较好的训练效果，相反如果某行为并未总是得到应有的奖惩刺激，个体则不容易学会这一行为。此外，刺激的大小也与行为训练的效果成正比，若将猫的食物由鱼替换成萝卜，则训练效果变差。由此可知，不恰当的奖惩时机和强度会造成与预期相反的后果。

为了最大化训练效果，本章的控制器设计将结合上述 OC 学习机制，对一类非仿射系统实施控制，并在控制器设计过程中考虑 DICS 因素对训练的影响。由于跟踪控制实际是使系统学会表现某一期望行为的过程，因此可以通过正向增强刺激对系统进行训练。2.2.2 节将结合神经生理学与细胞解剖学等相关原理，从微观层面进一步分析正向增强刺激对个体带来的改变以及具体原因。

2.2.2　神经心理学层面的 OC 学习

学习是改变生物神经网络结构的常见方式。在 OC 学习正向增强刺激中，中脑多巴胺系统起到至关重要的作用，主要包括处理奖励信息、生成并传递奖励信号和个体行为学习三个方面[69]。在多巴胺奖励信号作用下，生物神经系统会自发地产生一系列内在变化，如突触连接强度、神经元活性和处于兴奋态的神经元数量等，进而影响个体的整体行为表达和决策能力。因此，研究这些变化的成因对构建具有新特性的 ANN 具有启发和借鉴意义。

图 2-4 描绘了全局多巴胺奖励信号的广播过程，皮质神经元(CN)和多巴胺能神经元(DN)的球状突触小体与纹状体神经元(SN)的树突相接触，形成突触。当奖励刺激发生时，大脑黑质体中的 DN 被迅速激活，通过多巴胺能通路(图 2-5 中虚线所示)向 SN 的树突刺部位释放多巴胺短脉冲，并以广播的形式传递全局奖励信息。图 2-5 为纹状体区域中 SN 树突部位的放大图。可以注意到，在 SN 树突刺

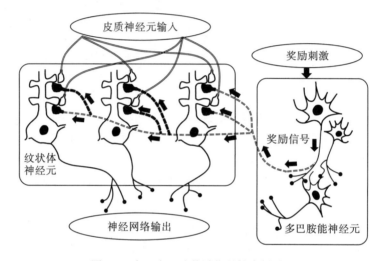

图 2-4　全局多巴胺奖励信号的广播过程

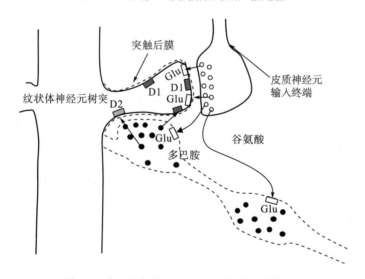

图 2-5　多巴胺能神经元对纹状体神经元的影响

的突触后膜上存在多种类型的受体。其中，Glu 受体用于接受来自 CN 末梢的谷氨酸，D1 和 D2 型受体用于接受来自 DN 的多巴胺递质。从图 2-5 中可以观察到以下两个事实。①事实 1：SN 的神经活动受 CN 与 DN 共同影响。CN 输入末梢向 SN 树突刺部位释放谷氨酸，DN 通过同一突触向 SN 释放多巴胺。②事实 2：DN 接收来自 CN 的信息，由 CN 末梢释放的谷氨酸可以抵达多巴胺突触前膜，控制多巴胺神经递质的释放。

　　由此可知，OC 正向增强中的奖励刺激传递给中脑多巴胺系统，使 DNs 释放多巴胺全局奖励信息，相关联的突触后纹状体神经元(即 SNs)状态发生变化，从而改变整个神经网络的输出结果。该发现为构建可自动调整突触权值、基函数结构参数、神经元个数的 Bio-ANN 提供了关键的理论依据。

　　本节讨论奖励刺激(reward stimuli，RS)和奖励预测(reward prediction，RP)对多巴胺浓度的影响(详细实验过程见文献[69])。图 2-6(a)中，当生物个体没有预测到某一行为将获得奖励时(即无奖励预测时)，多巴胺浓度维持在一般水平。当奖励发生后，DNs 呈现兴奋态并释放大量多巴胺，使多巴胺浓度上升。这反映了在奖励预测没有发生时，奖励刺激能够使多巴胺浓度提高。图 2-6(b)中，当个体能够提前预知某一行为会获得奖励时(即有奖励预测时)，多巴胺浓度会因这一心理预期而迅速上升，然后随时间增长而逐渐降低，并且当奖励刺激发生时，DNs 也不会呈现兴奋态。图 2-6(c)中，在个体预测到某一行为会得到奖励后，若不给予其和预期一样的奖励刺激，DNs 则会呈现抑制态，多巴胺浓度短时间里趋近于 0。此外，图 2-6(b)和图 2-6(c)共同表明，奖励预测可使多巴胺浓度上升，随后无论是否出现奖励刺激，DNs 均不会被再次激活。

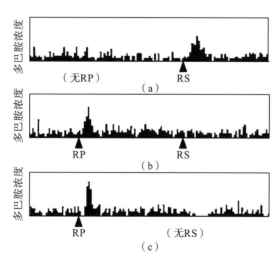

图 2-6　奖励刺激与奖励预测对多巴胺释放的影响

备注 2-1：现有的 II 型与 III 型神经网络控制器的设计依据突触可塑性理论，在网络权值自适应方面得到较好的发展，而对于模拟人脑结构、特性、功能以及学习和推理能力方面还具有很大提升空间。受到 OC 学习的神经生理学事实启发，本章拟为非线性系统控制引入奖赏机制、人工神经元兴奋与抑制条件，进而构建具有 OC 学习特性的仿生网络，使其具备更接近人的学习力与适应力，提高神经网络控制系统的整体性能。

2.3 操作性条件反射仿生模型

以最大化学习训练效果为目标，本节首先设计非线性控制系统的奖赏机制，并在此基础上将皮质输入信号、多巴胺奖励信号以及神经元活性等概念量化；然后提出神经元簇状结构及其自构造方法；最后给出完整的 Bio-ANN 模型和网络参数的自动更新方法。

2.3.1 奖赏机制

根据 2.2 节的 DICS 因素可知，个体训练结果受到奖励时机与奖励强度的影响。为了实现最佳的训练效果，需要在恰当的时机对个体进行奖励。在这一启发下，本节将针对非线性受控系统制定奖赏机制，以系统的当前行为偏差 $|s(t)|$ 作为判断奖励事件是否发生的标准。值得注意的是，对智能控制系统的奖励方式与生物个体不同，既不存在具体的奖励形式（如食物、水或奖金），又不需要从外部获取奖励。由于控制器能够直接利用系统的期望和误差信号计算出 $|s(t)|$，因此只需考虑 $|s(t)|$ 是否满足奖赏条件即可。一般地，可以定义布尔型变量 Reward_Flag 来标识奖励事件是否发生。

图 2-7 描绘了行为偏差与 DICS 因素的关系。首先，将个体行为按照行为偏差 $|s(t)|$ 的取值划分成三类：错误行为、容许行为、习得行为。其中，$|s(t)| > \beta_1$ 对应系统输出处于错误行为区间；$\beta_0 < |s(t)| \leqslant \beta_1$ 对应容许行为区间；$|s(t)| \leqslant \beta_0$ 对应习得行为区间。根据 OC 学习机制，在容许行为区间 $|s(t)|$ 的增长反映了某一行为由于没有得到预期奖励而出现消弱现象，反映了系统对奖励刺激的缺乏度[如曲线 (a) 和曲线 (d)]。结合图 2-3 和图 2-6 可以推测，在此时进行合适的奖励能够改善系统当前行为输出结果。当系统输出从错误行为区间过渡到容许行为区间时[如曲线 (b)]，立即施加奖励刺激有助于提高容许行为的发生频率。反之，如果系统一直都产生错误行为，奖励事件则不会发生，所以可以采取惩罚措施对系统进行监督控制。为满足奖励刺激的伴随性原则，对所有容许行为适时给予奖励刺激[如曲线 (c) 和曲线 (d) 在容许行为区间的部分]，同时习得行为不再接受强化训练，从而

节省系统运算资源。

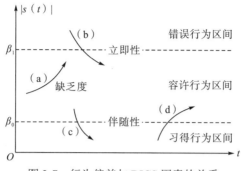

图 2-7　行为偏差与 DICS 因素的关系

因此，可以结合 DICS 因素，针对行为偏差来确定奖励时刻 T_R：

(1) 行为偏差的增长，即 $|s(T_R)| > |s(T_R - T_s)|$，其中 T_s 为采样时间；

(2) 行为偏差处于容许行为区间内，即 $\beta_0 < |s(T_R)| < \beta_1$。

为实现个体训练效果的最大化，上述两个条件需要同时满足。并且，当奖励发生时，将奖励信号标志位 Reward_Flag 赋为真，否则赋为假。

2.3.2　神经自适应单元

现有的在线权值自适应方法建立在突触可塑性理论上，旨在通过调节权值改变系统输出结果。然而，此类神经控制器忽视了激活函数（基函数）结构参数和神经元种类与数量对系统的影响。这些参数不仅需要全部由人工选取，而且无法随着系统运行而更新。虽然通过反复调试，参数仍能达到较为满意的控制效果，但这显然不符合生物神经系统的自我调节过程，与个体的自学习能力相比还相差甚远。本节将从多巴胺奖赏机制出发构造更加贴近生物神经系统的仿生结构，使其基函数结构参数、神经元种类与数量均可在系统运行期间自动调节。

首先讨论无任何奖励事件发生的情形。根据图 2-6(a) 和图 2-5 的分析结果可知，在无奖励刺激（RS）和奖励预期（RP）时，多巴胺能神经元（DNs）处于未激活状态，多巴胺通路的多巴胺含量维持在一般水平。此时网络的输出结果取决于来自皮质神经元（CNs）的输入信息和纹状体神经元（SNs）自身的神经活动。

根据文献[97]，采用高斯函数描述 SNs 的神经活动，即

$$G(z) = \exp\left(-\frac{\|z - \mu\|^2}{\sigma^2}\right) \tag{2-1}$$

式中，$\mu \in \mathbb{R}^q$，$\sigma \in \mathbb{R}$ 为高斯函数的结构参数；$z = [z_1, z_2, \cdots, z_q]^T$ 为神经网络输入，在一定程度上反映受控系统的行为。

备注 2-2：在绝大多数神经网络控制方法中，式(2-1)给出的 μ 和 σ 为人工选

取的常值。为了使系统达到满意的输出结果，需要对这些参数进行反复修改调整。显然，这种方式既不符合生物体自调整的特性，又不利于工程应用。因为并非所有的神经元对皮质输入都具有完全相同的响应，更重要的是神经活动随着时间与外部环境实时不断更新，而不是在系统运行期间保持固定不变。由此可见，通过手动方式选取的 μ 和 σ 都无法正确地反映网络中神经元的活动。为避免大量的人为操作，有必要设计能够按照系统运行状态而自动更新参数的方法。

备注 2-3：在神经元模型中，基函数（或称激活函数）本质上是神经活动的抽象，除了用高斯函数描述外还有其他多种形式，如线性函数、Sigmoid 函数、对称型阶跃函数等[98-101]。本章采用高斯基函数对神经活动进行建模，在确保系统稳定性的前提下，针对高斯函数的结构参数 μ 和 σ 设计在线自动更新策略。

在高等生物的神经系统中，神经元胞体在神经中枢区域聚集形成神经核，功能相似的神经核集合形成神经核团。受这一原理启发，尝试将网络中的神经元按神经活动的不同进行分类，使具有相同神经活动的神经元构成一个神经自适应单元（neuron adaptive unit，以下简称 Unit），总体网络由多个神经单元组成。假设网络总共含有 M 个单元，由式(2-1)可得第 i 个神经单元的神经活动：

$$G_i(z) = \exp\left(-\frac{\|z - \mu_i\|^2}{\sigma_i^2}\right), \quad i = 1, 2, \cdots, M \tag{2-2}$$

式中，$\mu_i \in R^q$，$\sigma_i \in R$ 为第 i 个神经元簇的参数。

可见，神经网络皮质输入 z 对神经活动具有直接影响。当 $\mu_i = z$ 时，$G_i(z)$ 可以取得最大值。由图 2-5 可知，多巴胺输入不仅能与皮质输入共同影响神经活动（事实 1），还可以捕获并记录来自皮质输入 z 的信息（事实 2）。根据奖励行为最大化神经活动原理，μ_i 可由式(2-3)获得

$$\mu_i = z(t)|_{t=r_i} = z(r_i) \tag{2-3}$$

式中，r_i 为第 i 个奖励事件发生的时刻。

换言之，如果个体的某一行为使其神经活动得以最大化，则多巴胺能神经元将会自动记录该行为并存入 μ_i 中，进而通过 $G_i(z)$ 影响 Unit i 的输出 g_i。以此类推，当第 M 个奖励事件发生后，Unit M 将被激活，并形成 $G_M(z)$。随着奖励事件的发生，神经元簇被相继激活，使得神经网络的整体结构呈现基本的自构造能力（图 2-8）。

下面讨论生成新的神经自适应单元的具体过程。记 t 时刻系统中所有子单元的神经活动之和为 $G_{Sum} = \sum_{i=1}^{M(t)} G_i(z)$，$\omega$ 描绘神经活动兴奋阈值，为一给定正数。结合图 2-6 可知：当无奖励预测（RP）发生时，多巴胺含量处于较低的正常水平，故其所作用的突触后神经元的神经活动满足 $0 < G_{Sum} < \omega$，当奖励刺激（RS）发生后，多巴胺浓度迅速上升，使得其所联结的某类神经元簇被激活，从而记住引发该奖励的行为。由于多巴胺会对皮质纹状体神经元突触产生持久性影响[102]，在后

续发生类似行为时，个体会产生奖励预测（RP），使得之前已激活的神经活动增强，即 $G_{Sum} \geq \omega$，而即便在随后发生奖励事件，也不会再激活任何新的神经元簇，多巴胺浓度回归至正常水平。相反，若接下来没有发生任何奖励事件，多巴胺能神经元活性被暂时抑制，此时所有突触连接权值将停止更新。因此，第 i 个神经自适应单元的生成原则可归纳为以下两点：①根据当前的行为偏差 $|s(t)|$，奖励信号标志位 Reward_Flag 被赋为真；②在已生成的 $(i-1)$ 个单元中，所有神经元的神经活动满足 $0 < G_{Sum} < \omega$。

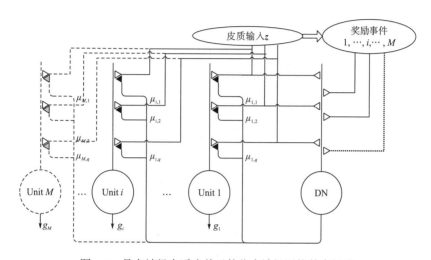

图 2-8　具有神经自适应单元的仿生神经网络基本组成

图 2-9 给出了自动建立 Unit i 的基本流程。可见，通过研究个体的 OC 学习机制对传统 ANN 结构进行优化具有一定的生物合理性。

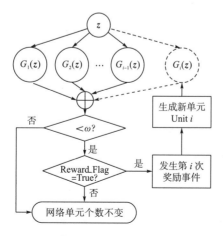

图 2-9　构建第 i 个神经自适应单元的基本流程

2.3.3 仿生神经网络

设 Bio-ANN 由 M 个神经自适应单元组成，其理想输出形式为一个连续函数 $g_{\text{bio}}(z): \text{R}^q \to \text{R}$，其渐近输出形式为

$$\hat{g}_{\text{bio}}(z) = \Psi^{-1}(z) \sum_{i=1}^{M} \hat{g}_i(z) \tag{2-4}$$

其中，

$$\Psi(z) = G_{\text{Sum}} = \sum_{i=1}^{M} G_i(z) \tag{2-5}$$

由于 $G_i(z)$ 为高斯函数，因此有 $\Psi(z) > 0$ 恒成立。$\hat{g}_i(z)$ 为 Unit i 的输出估计形式

$$\hat{g}_i(z) = d_i^{\text{T}}(z)\hat{W}_i G_i(z) \tag{2-6}$$

Unit i 中的估计权值为 $\hat{W}_i = [\hat{w}_{i,0}, \cdots, \hat{w}_{i,q}]^{\text{T}} \in \text{R}^{q+1}$，当前网络输入 z 到高斯函数中心 μ 的欧几里得距离为 $d_i(z) = [1, d_{i,1}, \cdots, d_{i,q}]^{\text{T}} = [1, z_1 - \mu_{i,1}, \cdots, z_q - \mu_{i,q}]^{\text{T}} \in \text{R}^{q+1}$。从式(2-4)可看出，待逼近的连续函数 g_{bio} 由系统当前的 Unit 输出和相应的神经活动共同决定。不难计算，每个单元中包含 $(q+1)$ 个神经元，系统总神经元数 $N = M \cdot (q+1)$。

令 $W_i^* = [w_{i,0}^*, \cdots, w_{i,q}^*]^{\text{T}}$ 表示 Unit i 中的最优恒定权值向量，则

$$W_i^* = \underset{\hat{W}_i}{\arg\min} \left\{ \sup_{z \in \text{Unit-}i} \left| g_{\text{bio}}(z) - d_i^{\text{T}}(z)\hat{W}_i(z) \right| \right\} \tag{2-7}$$

Unit i 输出的内部渐近误差为

$$\eta_i(z) = g_{\text{bio}}(z) - d_i^{\text{T}}(z)W_i^*(z) \tag{2-8}$$

由于 $|\eta_i(z)|$ 在 Unit i 上连续，故 $\max\{|\eta_i(z)|\}$ 有界。

假设 2-1：令仿生网络模型的渐近误差为

$$\varepsilon_{\text{bio}} = g_{\text{bio}}(z) - \Psi^{-1}(z) \sum_{i=1}^{M(t)} g_i^*(z) \tag{2-9}$$

$\forall i \in 1, 2, \cdots, M(t)$，存在全局渐近精度 $\eta > 0$，使得 $|\eta_i| \leq \eta$ 且 $|\varepsilon_{\text{bio}}| \leq \eta$。

记权值估计误差 $\tilde{W}_i = \hat{W}_i - W_i^*$ $(i = 1, 2, \cdots, M)$，权值在线更新律由式(2-10)给出：

$$\dot{\hat{W}}_i = \begin{cases} \rho I d_i(z) G_i(z) \Psi^{-1}(z) s(t), & |s(t)| > \beta_0 \\ 0, & \text{其他} \end{cases} \tag{2-10}$$

式中，ρ 为权值学习速率；I 为 $(q+1)$ 阶单位矩阵；β_0 在图 2-7 中定义。

注意到，当 $|s(t)| \leq \beta_0$ 时，权值更新律为 0。与 2.2 节分析一致，当系统在有奖励预测而无奖励刺激发生时，多巴胺能神经元活性被暂时抑制，所有突触连接权值停止更新。因此，在后续的控制系统设计中，β_0 可作为指定的跟踪精度给出。

由于行为偏差 $|s(t)|$ 在一个理想学习过程中将表现为持续下降，神经自适应单

元中的神经活动则会以最大化个体学习能力为优化目标。通过在线自动更新激活函数的结构参数，可以使得 $|s(t)|$ 以最快速度下降。因此，根据梯度下降算法可求得式 (2-2) 中 σ_i 的更新律

$$\dot{\sigma}_i = -\chi s(t)\left(\hat{g}_{\text{bio}} - d_i^{\text{T}}(z)\hat{W}_i\right)\frac{2\|z-\mu_i\|^2}{\sigma_i^3}\frac{G_i(z)}{\Psi(z)} \tag{2-11}$$

式中，$i=1,2,\cdots,M$，$\chi>0$ 为设计常量，表示神经活动的内在变化速率。

　　图 2-10 为基于 OCBM 的仿生神经网络结构图。该网络新颖之处在于能够在一定程度上模拟生物神经系统在学习期间脑内结构的自动更新过程。结合行为心理学与神经生理学的客观事实发现，通过研究脑在 OC 学习期间所发生的一系列变化，探索性地提出一种仿生学习的 ANN 模型。①整体网络的输出 g_{bio} 由不同 Unit 的输出加权和求得，而非简单的累加和形式。②Unit 的生成规则基于所设计的奖赏策略、行为偏差和系统当前的神经活动。每生成一个新 Unit，才会相应引入 $(q+1)$ 个神经元(如图中虚线所示部分)，因此不会造成无用/无关神经元的引入，从而节省系统运算资源和学习成本。③每个 Unit 的突触权值和基函数结构参数均在系统运行过程中自动更新，进而避免了烦琐的人工选参和调参步骤。综上，相比传统 ANN，所提模型具有相对健全的自学习、自适应和自构造能力。

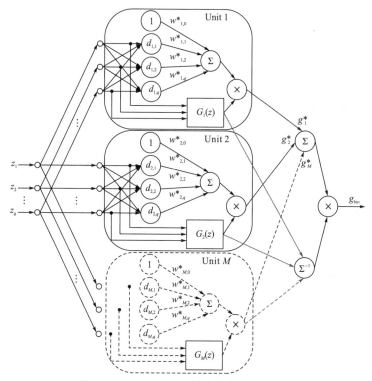

图 2-10　基于 OCBM 的仿生神经网络结构

2.4　基于 OCBM 的仿生控制方法

本节将从非线性系统的跟踪控制问题出发,给出基于 OCBM 的仿生控制方法及基于李雅普诺夫稳定性分析过程,验证所提网络模型的有效性。

2.4.1　问题描述

考虑如下一类非仿射系统:

$$\begin{cases} \dot{x}_k = x_{k+1}, & 1 \leqslant k \leqslant n-1 \\ \dot{x}_n = F_{\xi(t)}(x,u), & k=n \\ y = x_1 \end{cases} \tag{2-12}$$

式中,系统状态向量 $x = [x_1, \cdots, x_n]^T \in \mathrm{R}^n$;系统输入/控制器信号 $u \in \mathrm{R}$;系统输出为 $y \in \mathrm{R}$。 $F_{\xi(t)}(\cdot)$ 表示结构随时间漂移的未知非线性模型,具体形式如下:

$$F_{\xi(t)}(\cdot) = \left\{ F_i(\cdot) \,|\, i = \xi(t) \in N^+, 0 \leqslant t_i \leqslant t < t_{i+1} \right\} \tag{2-13}$$

且 $F_{\xi(t)}(\cdot)$ 满足 $\forall x \in \mathrm{R}^n$, $\forall u \in \mathrm{R}$,存在有界正定标量函数 $a(x)$、$b(x)$、$c(x)$,使得 $\left| F_{\xi(t)}(x,0) \right| \leqslant c(x)$, $a(x) < \partial F_{\xi(t)}(x,u) / \partial u < b(x)$ 成立。

定义系统状态误差向量 $e(t)$ 和滤波误差 $s(t)$ 分别为

$$e(t) = x - x_r = [e_1, e_2, \cdots, e_n]^T \in \mathrm{R}^n \tag{2-14}$$

$$s(t) = [K^T \ 1]e \tag{2-15}$$

式中, $x_r = [x_{1r}, x_{2r}, \cdots, x_{nr}]^T$ 为期望状态向量; $K = [k_1, k_2, \cdots, k_{n-1}]^T$ 为 Hurwitz 多项式系数,取 $k_j = C_{n-1}^{j-1} \lambda^{n-j}$, $1 \leqslant j \leqslant n-1$,常数 $\lambda > 0$。

值得注意的是,此处滤波误差 $s(t)$ 绝对值即为前面所指的行为偏差。

控制目标:利用 OCBM 仿生网络设计控制器 u 并作用到系统(2-12),使得输出 $y(t)$ 按给定精度 β_0 跟踪期望轨迹 $x_d(t)$,同时确保系统跟踪误差 $e(t)$ 在 $t \geqslant 0$ 有界。

2.4.2　控制策略

根据 2.3.1 节的行为偏差与 DICS 因素的关系,给出 OCBM 控制器的基本结构:

$$u = \begin{cases} u_s(s,e), & |s(t)| \geqslant \beta_1 \\ u_{\text{bio}} + u_c(s,e), & |s(t)| < \beta_1 \end{cases} \tag{2-16}$$

式中, u_s 为监督控制器; u_{bio} 为仿生网络渐近器; $u_c(s,e)$ 为补偿器。

从图 2-7 可知, $\beta_1 > 0$ 为容许行为和错误行为的分界值,故在满足 $\beta_1 > \beta_0$ 的前提下，可由设计者自由选取。

定理 2-1：考虑式(2-12)所述系统，当$|s(t)| \geqslant \beta_1$时，采用监督控制器

$$u_s(s, \Lambda) = -K_p s - \hat{\varphi} \operatorname{sgn}(s)(c + |\Lambda|) \tag{2-17}$$

参数$\hat{\varphi}$的自适应更新律为

$$\dot{\hat{\varphi}} = -rs^2 \hat{\varphi} + |s|(c + |\Lambda|) \tag{2-18}$$

式中，$\Lambda = -\dot{x}_{nr} + k_1 e_2 + k_2 e_3 + \cdots + k_{n-1} e_n$，$c > 0$为$c(x)$的已知上界，控制增益$K_p > 0$，自适应更新速率$r > 0$，滤波误差$s(t)$随时间按指数形式衰减。

证明如下。

结合式(2-12)～式(2-15)，得到滤波误差关于时间的导数：

$$\dot{s} = \Lambda + F_{\xi(t)}(x, u) \tag{2-19}$$

式中，$\Lambda = -\dot{x}_{nr} + k_1 e_2 + k_2 e_3 + \cdots + k_{n-1} e_n$。

根据中值定理[103]，任取$t \geqslant 0$存在$\bar{u} \in [0, u(t)]$，使得式(2-19)可写成

$$\dot{s} = \frac{\partial F_{\xi(t)}(x, \bar{u})}{\partial u} u + \Lambda + F_{\xi(t)}(x, 0) \tag{2-20}$$

选择李雅普诺夫函数$V_s(t)$，且$a(x)$的下界为已知常数$a_0 > 0$，则

$$V_s(t) = \frac{1}{2} s^2 + \frac{1}{2a_0}(1 - a_0 \hat{\varphi})^2 \tag{2-21}$$

当$|s(t)| \geqslant \beta_1$，有$u = u_s$，故将式(2-17)代入控制器，并对$V_s(t)$求时间导数可得

$$\begin{aligned}
\dot{V}_s(t) &= s \frac{\partial F_{\xi(t)}(x, \bar{u})}{\partial u} \left(-K_p s - \hat{\varphi} \operatorname{sgn}(s)(c + |\Lambda|) \right) \\
&\quad + s(\Lambda + F_{\xi(t)}(x, 0)) - \dot{\hat{\varphi}}(1 - a_0 \hat{\varphi}) \\
&= -K_p s^2 \frac{\partial F_{\xi(t)}(x, \bar{u})}{\partial u} - \frac{\partial F_{\xi(t)}(x, \bar{u})}{\partial u} \hat{\varphi} |s|(c + |\Lambda|) \\
&\quad + s\left(\Lambda + F_{\xi(t)}(x, 0)\right) - \dot{\hat{\varphi}}(1 - a_0 \hat{\varphi})
\end{aligned} \tag{2-22}$$

由于$|F_{\xi(t)}(x, 0)| \leqslant c(x) < c$，将式(2-18)代入式(2-22)，可得

$$\begin{aligned}
\dot{V}_s(t) &\leqslant -K_p s^2 \frac{\partial F_{\xi(t)}(x, \bar{u})}{\partial u} - \frac{\partial F_{\xi(t)}(x, \bar{u})}{\partial u} \hat{\varphi} |s|(c + |\Lambda|) \\
&\quad + s(\Lambda + c) - \left(-rs^2 \hat{\varphi} + |s|(c + |\Lambda|)\right)(1 - a_0 \hat{\varphi})
\end{aligned} \tag{2-23}$$

因为$\partial F_{\xi(t)}(x, \bar{u}) / \partial u > a(x) > a_0$，式(2-23)可进一步放缩为

$$\begin{aligned}
\dot{V}_s(t) &\leqslant -a_0 K_p s^2 - a_0 \hat{\varphi} |s|(c + |\Lambda|) + s(c + \Lambda) - \left(-rs^2 \hat{\varphi} + |s|(c + |\Lambda|)\right)(1 - a_0 \hat{\varphi}) \\
&\leqslant -s^2 (a_0 r \hat{\varphi}^2 - r\hat{\varphi} + a_0 K_p) \\
&= -s^2 a_0 r \left(\hat{\varphi} - \frac{1}{2a_0} \right)^2 - s^2 \left(\frac{1}{r} K_p - \frac{1}{4a_0^2} \right)
\end{aligned} \tag{2-24}$$

选择参数 K_p、r，使得 $4a_0^2 K_p - r \geqslant 0$ 成立，则

$$\dot{V_s}(t) \leqslant -s^2 a_0 r \left(\hat{\varphi} - \frac{1}{2a_0} \right)^2 \tag{2-25}$$

因此可证 $V_s(t)$ 为非增函数，故 s 有界，从而 e 有界，又因为式 (2-19) 中所有变量均有界，故 $\dot{s}$ 也有界。对式 (2-25) 求时间积分，可得

$$\int_0^\infty s^2 \mathrm{d}t \leqslant \left(a_0 r \hat{\varphi}^2 - r\hat{\varphi} + \frac{1}{4a_0} r \right)^{-1} \left[V_s(0) - V_s(\infty) \right] \tag{2-26}$$

由于 $\dot{\hat{\varphi}}$ 包含衰减项 $-rs^2 \hat{\varphi}$，可知 $\hat{\varphi}$ 有界且 $\hat{\varphi} > 0$。根据 Barbalat 引理，当 $|s(t)| \geqslant \beta_1$ 时，$s(t)$ 以指数形式收敛。证明完毕。

备注 2-5：注意到式 (2-17) 中的 $\mathrm{sgn}(s)$ 项在 $s(t) = 0$ 时不连续，而本节监督控制器 u_s 仅用于 $|s(t)| \geqslant \beta_1 \gg 0$ 的情况，因此可以避免控制信号在 $s(t) = 0$ 时出现抖动而激发系统的高频震荡模式，从而有效节约执行器成本和能源开销。采用监督控制器的另一个目的在于将系统状态误差在有限时间内限制在某一界限内，从而确保 ANN 渐近的有效性。

下面给出使系统输出 $y(t)$ 跟踪期望轨迹 $x_d(t)$ 的理想控制输入 u^* 的存在性定理。

引理 2-1：给定一条理想轨迹 $x_d(t)$，使得期望状态 $x_r = [x_d, x_d^{(1)}, ..., x_d^{(n-1)}]^{\mathrm{T}}$。考虑式 (2-12) 所述系统，若 $x \in \Omega_x \subset \mathbb{R}^n$ 且 $x_r \in \Omega_r \subset \mathbb{R}^n$，则存在理想控制输入 u^*，使得

$$\dot{s} = -K_p s - \eta \mathrm{sat}(s / \beta_0) \tag{2-27}$$

从而有当 $t \to \infty$，$|y(t) - x_d(t)| \to 0$。

证明如下。

将式 (2-19) 改写为

$$\dot{s} = F_{\xi(t)}(x,u) - \alpha - K_p s - \eta \mathrm{sat}(s / \beta_0) \tag{2-28}$$

其中，α 由式 (2-29) 计算

$$\alpha = -K_p s - \eta \mathrm{sat}(s / \beta_0) - \Lambda \tag{2-29}$$

饱和函数 $\mathrm{sat}(\cdot)$ 为

$$\mathrm{sat}(s / \beta_0) = \begin{cases} \mathrm{sgn}(s), & |s| > \beta_0 \\ s / \beta_0, & |s| \leqslant \beta_0 \end{cases} \tag{2-30}$$

故有 $\partial \alpha / \partial u = 0$，又因为 $\partial F_\xi(x,u) / \partial u \neq 0$，所以

$$\frac{\partial [F_{\xi(t)}(x,u) - \alpha]}{\partial u} \neq 0 \tag{2-31}$$

根据隐函数定理[103]，对于任意 $x(0) \in \Omega_x$ 和 $x_r(0) \in \Omega_r$，存在连续理想控制信号 u^* 使

$$F_{\xi(t)}(x, u^*) - \alpha = 0 \tag{2-32}$$

故式 (2-27) 成立。选择初始李雅普诺夫函数

$$V_0(t) = \frac{1}{2}s^2 \tag{2-33}$$

对于理想控制信号 u^*，$V_0(t)$ 的时间导数为

$$\dot{V}_0(t) = -K_p s^2 - \eta \cdot s \cdot \text{sat}(s / \beta_0) \tag{2-34}$$

由于 $s \cdot \text{sat}(s / \beta_0) \geqslant 0$ 恒成立，故 $\dot{V}_0(t) \leqslant 0$，从而 $s \in L_\infty$。由 Barbalat 引理易证 $V \to 0$，因此，当 $t \to \infty$ 时，$|y(t) - x_d(t)| \to 0$。证明结束。

设存在唯一连续函数 $g_{\text{bio}}(z)$ 使得

$$u_{\text{bio}}^* = -g_{\text{bio}}(z) \tag{2-35}$$

同时，将式 (2-29) 的 α 用于控制补偿，即

$$u_c(s, e) = \alpha \tag{2-36}$$

理想控制输入信号

$$u^* = u_c + u_{\text{bio}}^* \tag{2-37}$$

u_{bio}^* 为理想且未知的仿生控制信号分量。令仿生网络输入 $z_i = x_i$，$i = 1, \cdots, n$ 且 $z_{n+1} = \alpha$，则可利用本章所述的 OCBM 仿生网络对其进行渐近学习，即

$$u_{\text{bio}} = -\hat{g}_{\text{bio}}(z) \tag{2-38}$$

使得当 $t \to \infty$ 时，$s(t) \leqslant \beta_0$，即滤波误差收敛至给定精度内。

2.4.3　稳定性分析

根据 2.4.2 节的分析，基于 OCBM 的控制方案可总结为定理 2-2。

定理 2-2：考虑式 (2-12) 所述受控系统。式 (2-16) 的控制器由式 (2-17) 的监督控制器 $u_s(s, e)$、式 (2-36) 的补偿器 $u_c(s, e)$ 和式 (2-38) 的仿生网络渐近器 u_{bio} 组成。采用式 (2-4)～式 (2-6) 的 OCBM 网络结构，且满足假设 2-1。权值自适应律与参数更新规则分别由式 (2-10) 和式 (2-11) 给出。有如下闭环控制系统特性成立：

(1) 存在常数 $T_f > 0$，使得 $|s(t)| < \beta_1$，$\forall t \geqslant T_f$；

(2) 在系统运行期间，$|s(t)| > \beta_0$ 的总时间 T_A 有限；

(3) 当 $t \to \infty$ 时，有 $|s(t)| \leqslant \beta_0$ 且 $|e_k(t)| \leqslant 2^{k-1} \lambda^{k-n} \beta_0$，$k = 1, 2, \cdots, n$。

证明如下。

(1) 分析 $|s(t)| \geqslant \beta_1$ 时的稳定性。

采用式 (2-17) 监督控制器 $u_s(s, e)$ 可使滤波误差 $s(t)$ 以指数形式收敛，故对于初始值 $s(0)$，存在有限时间 $T_f > 0$，使得 $|s(t)| < \beta_1$ 并且在任意 $t \geqslant T_f$ 时成立，从而定理 2-2 特性 (1) 成立。

(2) 分析 $|s(t)| < \beta_1$ 时的稳定性。

将式(2-36)的$u_c(s,e)$与式(2-38)的u_{bio}代入式(2-19)，得到滤波误差闭环动特性

$$\dot{s} = -K_p s - \eta \text{sat}(s/\beta_0) + g_{bio}(z) - \hat{g}_{bio}(z) \tag{2-39}$$

若$g_{bio}(z) - \hat{g}_{bio}(z) = 0$，则结合定理2-1可知，$s(t)$随$t \to \infty$收敛至给定精度。注意到，由于神经元簇在某些时间处于抑制状态，所以该理想情况无法对所有$t \geq 0$成立。对于该情况，OCBM网络输出$\hat{g}_{bio}(z) = 0$，因此式(2-39)可改写为

$$\dot{s} = -K_p s - \eta \text{sat}(s/\beta_0) + g_{bio}(z) \tag{2-40}$$

根据式(2-28)，有$g_{bio}(z) = F_{\xi(t)}(x,u) - \alpha$。

对式(2-33)的$V_0(t)$求导，并将式(2-40)代入，得到

$$\dot{V}_0(t) = -K_p s^2 - s\left[\eta \text{sat}(s/\beta_0) - g_{bio}(z)\right] \tag{2-41}$$

若$|s(t)| > \beta_0$并且$|g_{bio}| \leq \eta$成立，则有

$$s\left[\eta \text{sat}(s/\beta_0) - g_{bio}(z)\right] \geq 0 \tag{2-42}$$

从而有$\dot{V}_0(t) < -2K_p V_0$，即$V(t)$随时间衰减。反之如果$\beta_0 < |s(t)| < \beta_1$，$V_0(t)$增大，则相应行为偏差$|s(t)|$呈现增长趋势。为确保系统稳定，奖赏机制被触发。

当奖励事件发生后，系统稳定性分析过程如下。设M表示系统当前所包含的神经自适应单元总数，在$t \in [t_M, t_{M+1})$上，OCBM网络中包含M个单元(图2-11)。考虑李雅普诺夫函数：

$$V_M(t) = \frac{1}{2}s^2 + \frac{1}{2}\sum_{j=1}^{M} \tilde{W}_j^{\mathrm{T}}(\rho I)^{-1}\tilde{W}_j, \quad t \in [t_M, t_{M+1}) \tag{2-43}$$

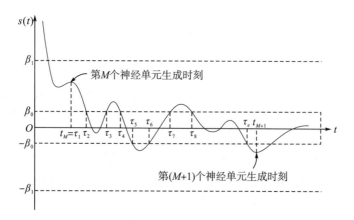

图2-11　在M个神经单元作用下滤波误差的变化情况

对$V_M(t)$求时间导数，并将式(2-39)的$\dot{s}$代入，得到

$$\dot{V}_M(t) = -K_p s^2 - s\eta \text{sat}(s/\beta_0) + s(g_{bio} - \hat{g}_{bio}) + \sum_{j=1}^{M} \tilde{W}_j^{\mathrm{T}}(\rho I)^{-1}\dot{\tilde{W}}_j \tag{2-44}$$

由式 (2-9) 知，$g_{\text{bio}} = \varepsilon_{\text{bio}} + \Psi^{-1}(z)\sum_{j=1}^{M} d_j^{\text{T}}(z)W_j^* G_j(z)$ ，且 $\tilde{W}_i = \hat{W}_i - W_i^*$ ，式 (2-44) 可写为

$$
\begin{aligned}
\dot{V}_M(t) = &-K_p s^2 - s\eta\,\text{sat}(s/\beta_0) + s\left[\Psi^{-1}(z)\sum_{j=1}^{M} d_j^{\text{T}}(z)W_j^* G_j(z) + \varepsilon_{\text{bio}}\right] \\
&- s\Psi^{-1}(z)\sum_{j=1}^{M} d_j^{\text{T}}(z)\hat{W}_j G_j(z) + \sum_{j=1}^{M} \tilde{W}_j^{\text{T}}(\rho I)^{-1}\dot{\hat{W}}_j
\end{aligned}
\tag{2-45}
$$

进一步整理得

$$
\begin{aligned}
\dot{V}_M(t) = &-K_p s^2 - s\left[\eta\,\text{sat}(s/\beta_0) - \varepsilon_{\text{bio}}\right] \\
&- \sum_{j=1}^{M} \tilde{W}_j^{\text{T}}(\rho I)^{-1}\left(\rho I d_j(z)G_j(z)\Psi^{-1}(z)s - \dot{\hat{W}}_j\right)
\end{aligned}
\tag{2-46}
$$

将权值自适应律式 (2-10) 代入，则

$$
\dot{V}_M(t) = -K_p s^2 - s\left[\eta\,\text{sat}(s/\beta_0) - \varepsilon_{\text{bio}}\right]
\tag{2-47}
$$

根据假设 2-1，存在全局渐近精度 $\eta > 0$ ，使得 $|\varepsilon_{\text{bio}}| \le \eta$ 。显然，如果 $|s(t)| > \beta_0$ ，始终有 $s\left[\eta\,\text{sat}(s/\beta_0) - \varepsilon_{\text{bio}}\right] \ge 0$ 成立，式 (2-47) 可继续写为

$$
\dot{V}_M(t) \le -K_p s^2 < -K_p \beta_0^2
\tag{2-48}
$$

故可知 $V_M(t)$ 在 $|s(t)| > \beta_0$ 的时间区间上衰减。

下面，证明在第 M 个单元生成后至第 $(M+1)$ 个单元生成前的时间区间 $[t_M, t_{M+1})$ 上，使得 $|s(t)| > \beta_0$ 的总时间 T_M^{M+1} 有限。由图 2-11 知，T_M^{M+1} 可表示为

$$
T_M^{M+1} = \sum_{i=1}^{j}\left(\tau_{2i} - \tau_{2i-1}\right) + \left(t_{M+1}^- - \tau_e\right)
\tag{2-49}
$$

式中，t_{M+1}^- 表示 t_{M+1} 的左极限；τ_e 表示在 $[t_M, t_{M+1})$ 上使得 $|s(t)| \le \beta_0$ 最后一次成立的时间，故有 $\tau_{2j+1} = \tau_e$ 。

根据 τ_e 的取值不同，存在以下两种情形。

情形 1：$\tau_e = \infty$ ，故 $t_{M+1}^- = \infty$ 。这表明行为偏差 $|s(t)|$ 将在 $t \ge \tau_e$ 后始终被限制在给定精度区间内，即 $s(t) \in [-\beta_0, \beta_0]$ ，$t \to \infty$ （图 2-12）。结合 2.3.2 节中构建新 Unit 的基本流程可知，当 $s(t) \in [-\beta_0, \beta_0]$ 时，不满足新增 Unit 过程，因此系统总单元数将保持不变。

情形 2：$\tau_e \le t_{M+1} < \infty$ 。这意味着在有限时刻 $t = t_{M+1}$ ，系统满足新增 Unit 的条件，随即产生第 $(M+1)$ 个 Unit。将式 (2-48) 左右两侧在 $[\tau_{2i}, \tau_{2i-1}]$ 上进行积分，可得

$$
\int_{\tau_{2i-1}}^{\tau_{2i}} \dot{V}_M(t)\text{d}t = V_M(\tau_{2i}) - V_M(\tau_{2i-1}) \le -K_p \beta_0^2 (\tau_{2i} - \tau_{2i-1}), \quad i = 1, 2, \cdots, j
\tag{2-50}
$$

从而有

$$
\tau_{2i} - \tau_{2i-1} \le \frac{V_M(\tau_{2i-1}) - V_M(\tau_{2i})}{K_p \beta_0^2}
\tag{2-51}
$$

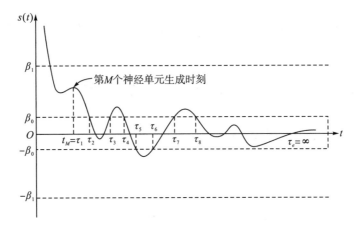

图 2-12　滤波误差当 $\tau_e = \infty$ 时的变化情况

因此，式 (2-49) 可进一步写为

$$T_M^{M+1} \leqslant \frac{1}{K_p \beta_0^2} \left[\sum_{i=1}^{j} \left(V_M(\tau_{2i-1}) - V_M(\tau_{2i}) \right) + \left(V_M(\tau_e) - V_M(t_{M+1}^-) \right) \right] \tag{2-52}$$

注意到当 $|s(t)| \leqslant \beta_0$ 时，权值自适应律 $\dot{\hat{W}}_i = 0$，所以当 $|s(t)| \leqslant \beta_0$ 时，权值估计值 $\hat{W}_i$ 保持不变。根据式 (2-43) 显然可知，$V_M(\tau_{2i}) = V_M(\tau_{2i+1})$。取 $\tau_1 = t_M$，式 (2-52) 可简化为

$$T_M^{M+1} \leqslant \frac{1}{K_p \beta_0^2} \left(V_M(\tau_1) - V_M(t_{M+1}^-) \right) = \frac{1}{K_p \beta_0^2} \left(V_M(t_M) - V_M(t_{M+1}^-) \right) \tag{2-53}$$

对于新增 Unit 的时刻（如 t_M、t_{M+1} 等），有 $\beta_0 < |s(t)| < \beta_1$ 成立，且通过式 (2-48) 已证 $V_M(t)$ 在相应区间下降，所以 $\forall t \in [t_M, t_{M+1})$ 都有

$$V_M(t_M) > V_M(t_{M+1}^-)，且 V_M(t_M) > V_M(t) \tag{2-54}$$

又因为 $t_{M+1} < \infty$，$[t_M, t_{M+1})$ 为有限区间，显然可知：$T_M^{M+1} < \infty$。根据式 (2-53)，得到结论 $V_M(t_M)$ 有界。因此可知 $s(t)$、$e(t)$、$\hat{W}_i$、$\tilde{W}_i$ 在 $[t_M, t_{M+1})$ 上均有界，$i = 1, \cdots, M$。

由于情形 2 的结论适用于所有在 Unit 作用下的时间区间，并且每个 Unit 为逐一增加，为进一步证明在系统运行期间使 $|s(t)| > \beta_0$ 的总时间

$$T_A = T_0^1 + T_1^2 + \cdots + T_M^{M+1} + \cdots + T_{m-1}^m < \infty \tag{2-55}$$

只需证明系统所含 Unit 总数存在有限最大值 m 即可。利用反证法，假设 $m \to \infty$，则根据式 (2-3) 可知，存在关于 μ_i 的无限序列 $\{\mu_1, \mu_2, \cdots\}$。对于紧集上的任意有界无限序列，存在一收敛子序列。令 $\{\mu_{1_c}, \mu_{2_c}, \cdots\}$ 为该子序列，根据收敛子序列定义可知，存在正数 $\bar{m}$，使得对于 $\gamma_c > \bar{m}$（$\gamma = 1, 2, \cdots$），有 $\left\| \mu_{\gamma_c} - \mu_{\gamma_{c-1}} \right\| < \varepsilon_0$，其中 $\varepsilon_0 > 0$

为任取小常数。然而，根据 2.3.2 节中构建新 Unit 的规则可知，由于不同 Unit 具有不同的结构参数，所以 $\|\mu_i - \mu_j\| > \varepsilon_0$，$\forall i, j = 1, 2, \cdots$。因此与原假设产生矛盾，可知 Unit 总数存在有限最大值 m。综上所述，式 (2-55) 成立，定理 2-2 特性 (2) 得证。

根据式 (2-15)，从 $s(t)$ 到 $e_k(t)$ 的拉普拉斯传递函数可写为

$$\frac{E_k(s)}{S(s)} = \frac{s^{k-1}}{(s + \lambda)^{n-1}}, \quad k = 1, 2, \cdots, n \tag{2-56}$$

式中，s 为拉普拉斯算子，并且式 (2-56) 为有界输入有界输出 (bounded-input bounded-output，BIBO)[83]。

因此 $t \to \infty$ 时，跟踪误差 $|e_k(t)| \leqslant 2^{k-1} \lambda^{k-n} \beta_0$，$k = 1, \cdots, n$。因此，系统将在 M 个 Units 作用下实现稳定有界跟踪。定理 2-2 特性 (3) 得证。至此全部证明结束。

2.5　仿　真　验　证

本节通过仿真验证所提 OCBM 控制器的各项特性。考虑二阶非仿射系统：

$$\begin{cases} \dot{x}_1 = x_2 \\ \dot{x}_2 = F_{\xi(t)}(x, u) \\ y = x_1 \end{cases} \tag{2-57}$$

式中，$x = [x_1, x_2]^{\mathrm{T}}$，$F_{\xi(t)}(x, u)$ 为未知漂移非线性模型。

备注 2-6：本节所有仿真程序运行于 Intel core i7-5500U 处理器上，CPU 主频为 2.4GHz，可用内存为 6.48GB，MATLAB 版本为 7.10.0 (R2010a)。

2.5.1　非时变模型下的控制效果验证

采用不随时间漂移的固定结构系统模型，与传统自组织渐近控制方法进行对比，验证 OCBM 方法的有效性。

给定理想轨迹 $x_d(t) = 3\sin(0.1\pi t)$，期望状态向量 $x_r = [x_{1r}, x_{2r}]^{\mathrm{T}} = [x_d, \dot{x}_d]^{\mathrm{T}}$。初始状态向量 $x(0) = [x_1, x_2]^{\mathrm{T}} = [2, 3]^{\mathrm{T}}$。行为偏差上下界设置为 $\beta_1 = 2$，$\beta_0 = 0.03$，控制精度与 β_0 取值相同。式 (2-15)、式 (2-17) 与式 (2-18) 的控制参数分别为 $K = [1, 1]^{\mathrm{T}}$，$K_p = 1$，$r = 0.1$。固有学习速率 $\chi = 0.5$，权值学习速率 $\rho = 8$，兴奋度阈值 $\omega = 0.1$。神经自适应单元初始数目 $M(0) = 0$，当 $M(t) \geqslant 1$ 时，新增激活函数宽度初始值为 $\sigma_i = 0.5$，$i = 1, \cdots, M(t)$。此外，为确保对比的合理性和严谨性，两方法采用相同的控制增益与初始化参数。系统仿真时间为 80s，采样周期 $T_s = 10\,\mathrm{ms}$。

令 $F_{\xi(t)}(x, u) = F_0(x, u)$ 对 $t \geqslant 0$ 成立，且

$$F_0(x,u) = 3u + 2\sin u + 0.5\cos(x_1 + x_2) \tag{2-58}$$

式 (2-17) 中取 $c = 1$，可知满足 $|F_0(x,0)| \leqslant c(x) < c$。

图 2-13 与图 2-14 分别描绘了使用 OCBM 和 SOAC 方法所得滤波误差和控制信号输出的演变情况，其内的两幅子图分别为 $t \in [5,10]$ 和 $t \in [58,60]$ 的放大结果。由图 2-13 和图 2-14 可见，两种控制方法均可使 $s(t)$ 随时间收敛。在整个系统运行期间，传统自组织型控制器(虚线)会使滤波误差产生较多抖动，而在本章所提 OCBM 控制器(实线)作用下，滤波误差与控制动作的变化则相对光滑。这也表明基于 OCBM 的仿生控制具有更好的内部调节能力，其可以避免激起系统的高频振荡，从而延长设备的使用寿命。

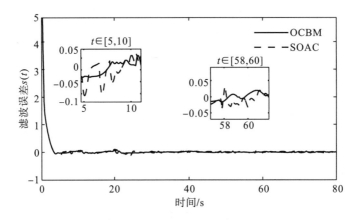

图 2-13　使用 OCBM 与 SOAC 方法所得滤波误差演变情况

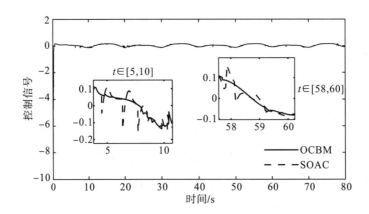

图 2-14　使用 OCBM 与 SOAC 方法所得控制信号输出演变情况

图 2-15 给出了基于 OCBM 与 SOAC 两种方法的系统状态相位图。"×" 表示第 i 次奖励行为对应的系统状态信息。以 "×" 为圆心绘制的实线圆域表示 ANN

训练输入的紧集区域，且每个紧集对应唯一神经自适应单元(图中由 Unit 标记并区分)。根据式(2-16)可知，仿生网络渐近器 u_{bio} 对实线圆域内的系统状态有效，在实线圆域外的状态使用监督器 u_s 及补偿器 u_c 进行控制。可以看出，两种方法的系统实际运行轨迹(虚线)均能跟踪给定理想轨迹(实线)，而采用 OCBM 方法可以产生数量相对较少且区域大小能够实时自动调节的神经自适应单元。

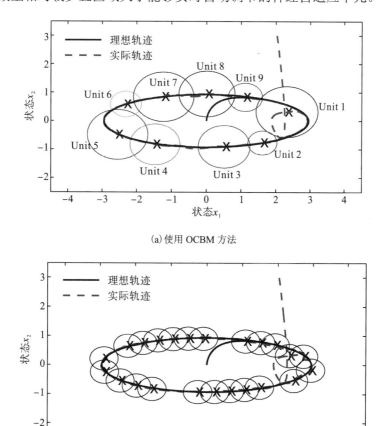

(a) 使用 OCBM 方法

(b) 使用 SOAC 方法

图 2-15　使用 OCBM 与 SOAC 方法所得 F_0 系统状态相位图

　　图 2-16 体现了神经自适应单元数目随时间的变化情况。注意到大约 25s 后，两种控制方法的 Unit 均达到稳定值并不再继续增加。然而，采用 SOAC 方法最终生成 23 个 Unit，而 OCBM 方法仅生成 9 个。可见，在执行同一控制任务时，基于 OCBM 的控制器可大幅减少系统产生的神经元总数，从而节省系统运算资源。

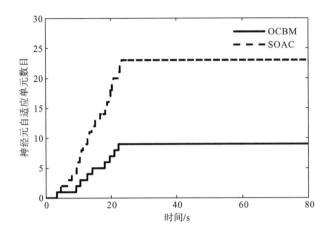

图 2-16   神经自适应单元的数目演变情况

对于二阶非仿射系统，可知 NN 输入向量 z 的维数为 $\dim z = 3$。由式(2-3)可知，$\dim \mu_i = \dim z = 3$，$i = 1, 2, \cdots, 9$。图 2-17 展现了 NN 输入的 3 个分量（z_1、z_2 和 z_3）与在系统运行过程中依次生成的 9 个 Unit 的高斯神经活动 $G_{i,j}(z_j)$ 的关系

$$G_{i,j}(z_j) = \exp\left(-\frac{\left| z_j - \mu_{i,j} \right|^2}{\sigma_i^2} \right), \quad i = 1, 2, \cdots, 9; \ j = 1, 2, 3 \tag{2-59}$$

式中，i 为 Unit 编号；j 为 NN 输入向量的元素位置。

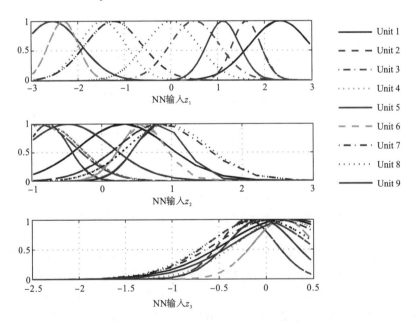

图 2-17   9 个神经自适应单元的神经活动

由图 2-17 可见，本章提出的 OCBM 仿生网络，能够针对不同的 Unit 自动确定相应的高斯神经活动中心 $\mu_{i,j}$ 与宽度 σ_i，因此能够在线自动调节基函数结构参数，具有更为健全的自适应和自学习能力。

结合图 2-10 及式 (2-6) 可知，每个 Unit 包含 4 个隐含层神经元，因而有 4 个估计权值。为展现所有权值的演变情况，每个 Unit 的 4 个权值按其在相应向量 $\hat{W}_i = [\hat{w}_{i,0}, \hat{w}_{i,1}, \hat{w}_{i,2}, \hat{w}_{i,3}]^{\mathrm{T}} \in \mathrm{R}^{q+1}$ 中的元素位置分成 4 组。如图 2-18 所示，图 2-18(a) 为 9 个 Unit 的第 1 组估计权值的曲线簇，即 $\{\hat{w}_{1,0}, \hat{w}_{2,0}, \cdots, \hat{w}_{9,0}\}$；以此类推，图 2-18(b) 为 $\{\hat{w}_{1,1}, \hat{w}_{2,1}, \cdots, \hat{w}_{9,1}\}$，图 2-18(c) 为 $\{\hat{w}_{1,2}, \hat{w}_{2,2}, \cdots, \hat{w}_{9,2}\}$，图 2-18(d) 为 $\{\hat{w}_{1,3}, \hat{w}_{2,3}, \cdots, \hat{w}_{9,3}\}$。

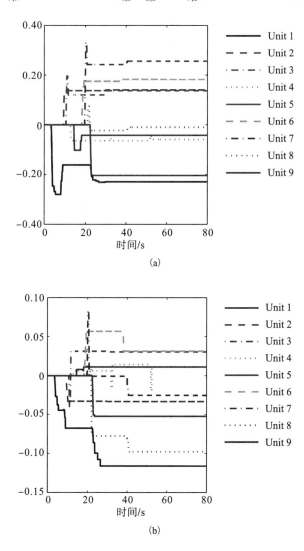

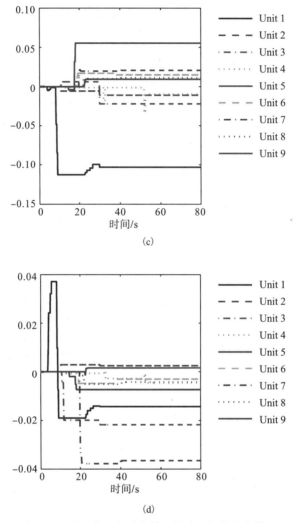

图 2-18　不同神经自适应单元的估计权值演变情况

2.5.2　关键参数对控制性能的影响

本节从神经自适应单元数量、仿真执行时间、滤波误差绝对值之和（sum of absolute values of filtering errors，SAFE）三个角度，比较所提 OCBM 方法与传统 SOAC 方法在控制参数取值不同时的性能表现。注意到在 SOAC 方法中，式(2-2)的 σ_i 是人为给定的常值且在所有生成的 Unit 中相等，因此不存在固有学习速率 χ。又因为这两种方法的控制增益和状态初值相同，根据式(2-10)和式(2-11)，影响结果的关键参数为 χ 以及权值学习速率 ρ。

表 2-1 为 χ 不变时，ρ 为 1~100 的结果；表 2-2 为 ρ 不变时，χ 为 0.5~50.0

的结果。仿真数据表明，当参数 χ 与 ρ 在一个相对大的取值范围变化时，使用 OCBM 方法均可使控制系统产生相对少的 Unit，并且花费较短的执行时间。可以推测，基于 OCBM 的控制器能够节省系统内存空间并减轻运算负担。

表 2-1 当 $\chi = 0.5$ 时，OCBM 与 SOAC 方法对比

ρ	Unit 数量/个		执行时间/ms		SAFE	
	OCBM	SOAC	OCBM	SOAC	OCBM	SOAC
100	11	30	6.5089	10.6141	440.9387	411.6458
50	8	27	5.7065	10.2432	464.4858	452.0715
20	9	22	5.9566	9.9849	371.4692	378.1205
15	9	22	5.8498	9.2622	373.5149	390.8205
10	9	23	5.8877	9.7053	382.8926	403.5772
5	10	25	6.2121	10.089	394.2557	421.5674
2	9	23	6.0123	10.2961	415.1951	501.2550
1	11	22	6.3306	9.1657	498.5518	578.7321

表 2-2 当 $\rho = 8$ 时，OCBM 与 SOAC 方法对比

χ	Unit 数量/个		执行时间/ms		SAFE	
	OCBM	SOAC	OCBM	SOAC	OCBM	SOAC
50.0	9		6.0701	10.2862	367.9376	
20.0	10		6.3030	10.0534	389.3106	
10.0	9		6.1357	10.3215	377.3136	
5.0	11	23	6.4834	10.4830	382.0986	400.4919
2.0	10		6.3735	10.3239	379.6188	
1.5	10		6.3250	10.2362	388.2326	
1.0	9		6.2053	10.5547	384.9120	
0.5	9		6.0452	10.3574	379.5034	

图 2-19 将表 2-1 的 SAFE 结果以柱状图的形式呈现。可以看出，两种方法得到的 SAFE 都随权值学习速率 ρ 的增加先呈现下降然后有小幅回升，原因在于权值学习速率不仅改变权值的变化，在具有自调节能力的 NN 中还会影响每个子网的神经活动。值得注意的是，χ 与 ρ 的取值不影响系统的稳定收敛，这与定理 2-2 的理论分析结果一致。在实际工程中，可以表 2-1 和表 2-2 作为依据，选取合适的 ρ 与 χ，从而更好地避免激发被控系统的高频振荡模式。

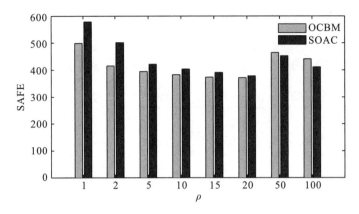

图 2-19   不同权值学习速率下，OCBM 与 SOAC 方法所得 SAFE 比较

2.5.3   不同系统模型的控制性能对比

在控制参数保持不变的情况下，将系统模型 $F_0(x,u)$ 替换为不同的非时变系统模型，进一步验证 OCBM 仿生控制器的兼容能力。

考查如下三个系统模型：

$$F_1(x,u) = 4u + \sin(x_1 x_2)\sin u \tag{2-60}$$

$$F_2(x,u) = 2u - 0.5\cos u + 0.5\sin\left[e^{-\left(x_1^2 + x_2^2\right)}\right] \tag{2-61}$$

$$F_3(x,u) = \begin{cases} u + 0.5\sin u, & x_1 + x_2 < 0 \\ \sin(x_1 + x_2) + u + 0.5\sin u, & x_1 + x_2 \geqslant 0 \end{cases} \tag{2-62}$$

对 $t \geqslant 0$ 成立，且所有控制参数均与 2.5.1 节保持一致，可知 $F_i(x,u)(i=1,2,3)$ 满足式 (2-12) 的系统定义。

针对式 (2-60) 给出的三个系统模型，表 2-3 给出了使用 OCBM 与 SOAC 两种方法得到的 Unit 数量、执行时间、SAFE 的仿真结果。从数据角度直观地反映了所提方法的良好特性，包括较少的内存消耗，较低的运算负担，更高的控制精度以及更平稳的控制动作与跟踪误差输出。

表 2-3   不同系统模型下的 OCBM 与 SOAC 方法效果

非线性系统模型 $F_i(x,\ u)$	Unit 数量/个		执行时间/ms		SAFE	
	OCBM	SOAC	OCBM	SOAC	OCBM	SOAC
$F_1(x,\ u)$	4	8	3.626	4.886	347.031	364.242
$F_2(x,\ u)$	7	33	4.910	13.090	421.075	638.700
$F_3(x,\ u)$	11	28	5.527	10.126	788.123	989.978

　　图 2-20～图 2-22 分别为在不同系统模型下的系统状态相位图。两种方法虽然都可以使系统状态稳定跟踪给定期望轨迹，但在内在学习机理上存在本质区别。具体地，本章通过奖赏策略建立的仿生网络不仅具有在线自适应的突触连接权，其基函数的结构参数也可根据系统当前的行为偏差自动调整，无须人工选取或反复停机调试。

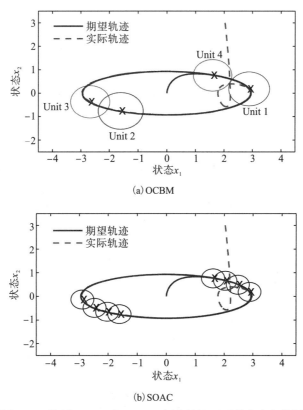

图 2-20　使用 OCBM 与 SOAC 方法所得 F_1 系统状态相位图

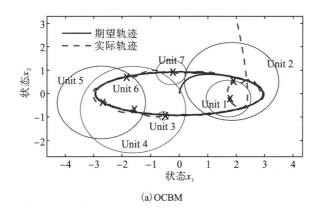

(a) OCBM

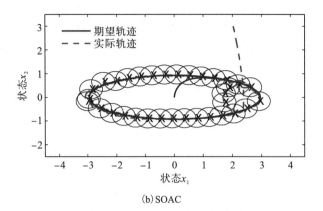

(b) SOAC

图 2-21　使用 OCBM 与 SOAC 方法所得 F_2 系统状态相位图

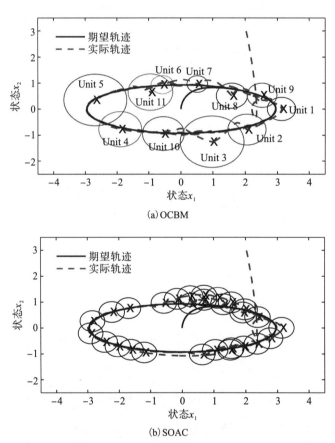

(a) OCBM

(b) SOAC

图 2-22　使用 OCBM 与 SOAC 方法所得 F_3 系统状态相位图

2.5.4　漂移模型的控制效果验证

本节仿真研究采用以下具有漂移结构的系统模型(见附录):

$$F_{\xi(t)}(x,u)=\begin{cases}3u+2\sin(u)+0.5\cos(x_1+x_2), & 0<t\leqslant60\\ 4u+\sin(x_1x_2)\sin(u), & 60<t\leqslant120\\ 0.5\sin\left[\mathrm{e}^{-\left(x_1^2+x_2^2\right)}\right]-0.5\cos(u)+2u, & 120<t\leqslant200\end{cases}\tag{2-63}$$

式中，$F_0(x,u)$、$F_1(x,u)$、$F_2(x,u)$ 分别由式 (2-58)、式 (2-60) 和式 (2-61) 给出。

为体现所提Ⅲ型 OCBM 神经控制器在自适应与自学习能力方面的优势，将其与传统 SOAC 方法和经典 PID 控制算法[104]比较。PID 控制器比例系数 $K_p=1$ 与式 (2-17) 一致，积分系数 $K_I=10^{-4}$，微分系数 $K_D=10$，其余控制参数和初值的选取与 2.5.1 节相同。系统仿真时间为 200 秒。

图 2-23 与图 2-24 分别描绘了采用 OCBM、SOAC 与 PID 三种控制方法得到的滤波误差与控制器信号演变情况。可以清晰地看出，当系统模型发生漂移后，经典 PID 控制器由于不能自动调节参数而无法再以给定的精度跟踪；而作为Ⅲ型控制器的 SOAC 与 OCBM，均具备参数自调节的能力，因此可以有效应对具有漂移结构的系统。本章所给出的 OCBM 控制器还能在系统结构发生漂移后，更加快速地适应新的模型，使滤波误差迅速收敛，同时产生相对光滑的控制信号。图 2-25 给出了系统模型漂移时，OCBM 与 SOAC 两种方法生成的神经自适应单元数量的对比结果，进一步表明本章所提 OCBM 方法能够有效减少系统所需神经元数量，实现节省运算资源的目的。

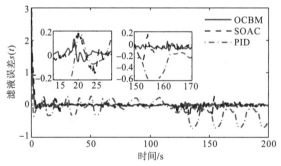

图 2-23　使用 OCBM、SOAC 和 PID 控制方法所得滤波误差演变情况

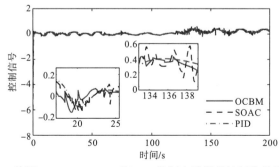

图 2-24　使用 OCBM、SOAC 和 PID 控制方法所得控制信号演变情况

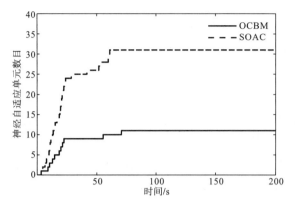

图 2-25　漂移系统模型下神经自适应单元数目的演变情况

2.6　本　章　小　结

本章针对具有模型漂移的高阶非仿射不确定系统提出了一种基于操作性条件反射学习的控制方法，致力于强化现有 ANN 的学习能力，使其以更加高效的方式应用于工程或理论系统中。主要思想总结如下。

(1)从行为心理学与神经生理学角度出发，研究操作性条件反射学习原理，提出了面向智能系统的奖赏机制和具有神经自适应单元的仿生神经网络模型 OCBM。

(2)该网络以自动调节权值、神经元数量以及基函数结构参数为特点，用于学习逼近系统中的非线性不确定项。

(3)通过李雅普诺夫方法，首先证明了在神经单元数目保持不变的时间区间里，精度区间以外的误差时间之和有界，并且误差收敛；然后结合奖赏机制与神经自适应单元的生成规则，证明了系统中神经元总数最终有界；最后，通过分析整个系统运行周期的误差变化情况，得到系统最终有界收敛的结论。

本章从某种层面上为神经科学与控制科学的深度融合提供了新的研究思路。所设计的 OCBM 控制器具有一定的模拟生物学习的能力和更加完善的自调节功能。其不仅能够在非停机操作的情况下自动适应具有漂移结构的系统，还能够有效提高控制精度。此外，根据系统当前的表现，控制器能够自动决策是否需要引入更多神经元，避免了冗余神经元的产生，从而有效降低了对设备运算资源的要求。

习 题 2

1. 什么是人工神经网络？说明其使用条件及使用范围。

2. 目前，主流的网络结构可调节的在线权值学习Ⅲ型控制器有哪几种？请简要说明它们的特点。

  3. 什么是操作性条件反射？其与经典条件反射相比有何区别？

  4. 操作性条件反射学习一般包括哪几种方式？请具体说明。

  5. 本章提出的基于操作性条件反射仿生模型的控制器有何优点？

第3章 伴有局部权值学习及 FNSG 策略的神经自适应控制

本章针对一类 n 阶不确定非仿射系统构建神经自适应控制器。通过结合受限李雅普诺夫函数与局部权值学习的基本方法，解决在神经网络控制领域中存在的两个重要问题：①确保神经网络在系统运行全过程中的紧集先决条件始终成立；②设计可变结构的神经网络，使其发挥更好的学习与推理能力。本章所提出的 FNSG 策略负责引导控制系统完成神经元自动增长过程，为构建具有更强学习能力的自调节型神经网络提供理论基础。根据 BLF 的特性，对神经网络的输入状态进行限制并使其在整个系统运行期间有界。同时，通过严格的理论推导分析，证明完成某项控制任务时系统最终所含神经元个数有界。仿真研究进一步表明，相比传统固定结构和自组织型神经网络控制方法，本章所提方法可以生成最终连续光滑的控制信号、较少的神经元、具有较高的算法执行效率以及较快的收敛速度。

3.1 引　　言

尽管面向复杂非线性系统的自适应神经网络控制理论在过去数十年取得了很大进展，但在神经控制的研究领域还存在许多理论与工程应用中尚未解决的问题。其中，比较有代表性的两个问题是：①如何满足紧集先决条件以发挥可靠的神经网络函数逼近功能；②如何设计可变结构的神经网络以达成预期的控制性能指标。目前，这两个问题各自得到不同程度的解决，典型的方法有：基于直接[92, 93, 105-107]与间接[7, 108-110]自适应神经控制、小脑模型关节控制[39, 58, 60, 111, 112]、状态反馈[38, 47, 113, 114]或输出受限[115, 116]控制、鲁棒自适应容错控制[52, 117]、模糊神经控制[39, 48, 107, 118-123]和模型参考控制[36, 37, 41, 124-126]等。

一些研究工作给出满足紧集先决条件的方法[38, 45-48, 113-116, 121, 127-133]。例如，在文献[127]和文献[131]中，根据分析瞬态响应对控制器参数进行严格挑选，能够确保紧集先决条件的成立；在文献[129]中，由于系统在实际运行中并不一定工作在已知且有界的区间，利用系统状态所在的某已知紧集 Ω 确定神经网络输入的紧集 Ω_z 并不具备实际可操作性；在控制器设计中引入 BLF 为确保紧集先决条件提供了新的思路[38, 47, 48, 113-116, 128-130]，但包含了固定网络结构的控制算法相对复杂，尤其是涉及反步技术的神经网络控制器[48, 128, 129, 132, 133]。此外，为实现指定的渐近精度，固定结构的神经网络通常需要包含大量的学习单元，这会造成因过度参数化而导致的运算负担加重和性能受损[45, 46]。因此，这些控制器尚不能在实际系统中得到很好的应用。

关于构造可变结构网络，实现期望控制指标，比较常见的是基于局部权值学习框架的自组织或自构造渐近法[31, 60, 87, 90, 92, 111, 118, 123, 127, 134, 135]。然而，在绝大部分研究成果中，紧集先决条件被直接忽略或默认成立。为数不多的工作同时考虑了紧集先决条件与可变结构网络两个问题。例如，文献[90]提到用滑模控制器将神经网络的输入状态首先代入一个紧集区间，使所有网络输入满足紧集先决条件，随后切换到自组织控制模式让神经网络具有自动构造的能力。需要注意的是，因为这种控制器中存在切换控制、非光滑的四次幂权重函数以及不连续的权值自适应更新律，控制信号不可避免地出现了不连续的情况。然而在实际工程中，不连续的控制信号会对执行器产生巨大损害甚至影响整个系统的正常运转及寿命。此外，当采用了切换控制后，自组织神经控制单元无法在系统运行之初立即发挥功能，而是需要等待一段未知时间后，即系统满足切换条件时，才能开启神经控制模式。这不仅与神经网络的设计初衷(即在系统运行期间最大化发挥神经网络的学习与推理能力)相违背，而且会导致系统的收敛速度慢于固定结构的神经网络。更糟糕的情况是，这类自组织方法的网络结构更新规则依赖于神经网络输入状态所在的紧集区间。换言之，一旦有不在紧集区间的网络输入出现，网络就需要引入额外的神经元来应对这一部分不在紧集区间内的网络输入，从而导致系统运算资源被大大浪费。

本章将构建一类新型神经自适应控制器，致力于同时解决前面所提及的两大遗留问题，有效去除现有方法中存在的诸多不利因素，主要贡献如下。

(1)充分利用 BLF 确保神经网络的输入在所有 $t \geqslant 0$ 时有界，从而使紧集先决条件在系统运行之初得以满足。相比传统控制方法，该控制器中的神经网络单元能够发挥其最大的学习和推理能力，同时避免切换控制所产生的尖刺控制信号。

(2)首次提出 FNSG 策略，用于引导在系统中添加合适数目的神经元簇，使神经控制器具有结构自调节功能，在应对建模不确定性和外部干扰时展现更强的学习能力和鲁棒性。

(3)通过设计高斯权重函数、光滑饱和函数以及连续的权值自动更新律，控制器信号输出始终保证连续，并且除神经元簇生成的瞬时时刻外具有光滑连续性。

(4)通过与传统的固定结构神经控制器、自组织型控制器做仿真对比和分析，进一步验证本章所提出的控制器的有效性和优越性。

3.2　问　题　描　述

考虑如下 n 阶非仿射系统：

$$\begin{cases} \dot{x}_k = x_{k+1}, & 1 \leq k \leq n-1 \\ \dot{x}_n = f(x,u), & k = n \end{cases} \tag{3-1}$$

式中，$x = [x_1, \cdots, x_n]^T \in \mathbb{R}^n$ 为系统状态向量；$u \in \mathbb{R}$ 为系统控制输入；$f(x,u)$ 为不确定非线性函数。

为确保系统的能控性[90, 92]，给出如下假设。

假设 3-1：$f(x,u)$ 关于变量 x 满足利普希茨连续条件，关于变量 u 可微。并且，对于任意 $x \in \mathbb{R}^n$ 和 $u \in \mathbb{R}$，存在

$$a(x) < \frac{\partial f(x,u)}{\partial u} < 2c(x) \tag{3-2}$$

$$|f(x,0)| < b(x) \tag{3-3}$$

式中，标量函数 $a(x)$、$b(x)$、$c(x)$ 有界且正定。

备注 3-1：该假设是仿射系统模型标准假设的拓展形式。式 (3-2) 的左边不等式 $a(x) < \partial f(x,u)/\partial u$ 用于确保系统可控，右边不等式 $\partial f(x,u)/\partial u < 2c(x)$ 和式 (3-3) 用于确保控制信号 u 的有界性。值得一提的是，多数基于神经网络的控制器需要用到标量函数 $a(x)$、$b(x)$、$c(x)$ 的具体信息[90, 92, 106, 135]。但如果 $f(x,u)$ 未知，则难以通过建模得到 $f(x,u)$ 的准确表达式。为建立一套更加切实可行的控制策略，在随后的控制器设计中将不会直接使用这些标量函数的信息。因此，本章所提出的控制器具备更好的系统适应能力。

3.2.1　跟踪误差动态特性

给定一条利普希茨连续的理想期望轨迹 $x_d(t)$，其导数为 $x_d^i(t)$，$[i = 1, \cdots, (n-1)]$，可用且有界。定义参考状态向量 $x_r(t)$ 为

$$x_r(t) = [x_{1r}, x_{2r}, \cdots, x_{nr}]^T = [x_d, \dot{x}_d, \cdots, x_d^{(n-1)}]^T \tag{3-4}$$

跟踪误差向量 $e(t)$ 为

$$e(t) = x(t) - x_r(t) = [e_1, e_2, \cdots, e_n]^T \in \mathbb{R}^n \tag{3-5}$$

式中，$e_k = x_k - x_{kr}$，$k = 1, 2, \cdots, n$，$e_k(t) := e_k$，$x_k(t) := x_k$，$x_{kr}(t) := x_{kr}$。

定义滤波误差 $s(t)$ 为

$$s(t) = P^T e(t) \tag{3-6}$$

式中，选取系数向量 $P = [p_1, p_2, \cdots, p_{n-1}, 1]^T$ 以确保 $s^{n-1} + p_{n-1}s^{n-1} + \cdots + p_2 s + p_1 = 0$ 是赫尔维茨多项式，其中 s 代表拉普拉斯算子。

由此，误差动态方程可写成如下形式：

$$\begin{cases} \dot{e}_k = e_{k+1}, & 1 \leqslant k \leqslant n-1 \\ \dot{e}_n = -\dot{x}_{nr} + f(x,u), & k = n \end{cases} \tag{3-7}$$

从而得到滤波误差关于时间的导数

$$\dot{s}(t) = E_r + f(x,u) \tag{3-8}$$

其中

$$E_r = -\dot{x}_{nr} + p_1 e_2 + p_2 e_3 + \cdots + p_{n-1} e_n \tag{3-9}$$

引理 3-1[90]：令 λ，β_0 为已知正常数，式(3-6)中给出的向量 P 按如下给出

$$p_k = \frac{(n-1)!}{(n-k)!(k-1)!} \lambda^{n-k} \qquad k = 1, 2, \cdots, n \tag{3-10}$$

若 $|s(t)| \leqslant \beta_0$，则 $\|e(t)\| \leqslant \|\Lambda\| \beta_0$，$\Lambda = [\vartheta_1, \cdots, \vartheta_n]^{\mathrm{T}} = [\lambda^{1-n}, 2\lambda^{2-n}, \cdots, 2^{n-1}]^{\mathrm{T}}$。且当 $t \to \infty$ 时，有 $|e_k(t)| \leqslant \vartheta_k \beta_0$。

3.2.2　控制目标

设计控制律 u，在不用到假设 3-1 中所给出的标量函数 $a(x)$、$b(x)$、$c(x)$ 的前提下，实现以下控制目标：

(1)对于所有 $t \geqslant 0$，滤波误差 $s(t)$ 能够被限定在预先给定的界内，即 $|s(t)| < \beta_1$，其中 β_1 为设计的正常数，并且满足 $\beta_1 > \beta_0$；

(2)对于所有 $t > 0$，所有闭环信号有界，包括控制输入信号 u 和状态误差 $e_k(t)$，$k = 1, \cdots, n$。特别地，当 $t \to \infty$ 时有 $|s(t)| \leqslant \beta_0$ 且 $|e_1(t)| \leqslant \beta_x = \vartheta_1 \beta_0$；

(3)控制信号 u 在 $t \in [0, \infty)$ 连续且除有限神经元簇生成时刻外整体光滑。

备注 3-2：控制目标(1)的重要意义在于其确保了紧集先决条件在系统启动初始化后(即 $t \geqslant 0$)立即得以满足，从而使神经自适应控制器能够在整个系统运行期间发挥最大作用，同时也为控制目标(2)和(3)的实现打下了基础。此外值得注意的是，在目标(3)中，为了改善控制信号的毛刺现象、延长执行器寿命和减少机械震荡，控制信号 u 不仅需要在整个系统运行过程中具有连续性，同时还要尽可能地实现光滑输出。在绝大多数神经网络控制方法中，这一问题还没有得到足够的重视。

3.2.3　光滑饱和函数

一般地，用于传统神经网络控制的饱和函数有如下形式：

$$\mathrm{sat}(\varsigma) = \begin{cases} 1, & \varsigma > 1 \\ \varsigma, & -1 \leqslant \varsigma \leqslant 1 \\ -1, & \varsigma < -1 \end{cases} \tag{3-11}$$

由于 $\text{sat}(\varsigma)$ 的一阶导数不连续，在控制器设计中如果包含该项，则会导致控制输出 u 的不光滑。为确保控制动作的光滑性，将式 (3-11) 中间行的 ς 替换成 $\sin(\pi\varsigma / 2)$。由此，得到改进的光滑饱和函数：

$$\text{sat}_m(\varsigma) = \begin{cases} 1, & \varsigma > 1 \\ \sin(\pi\varsigma / 2), & -1 \leqslant \varsigma \leqslant 1 \\ -1, & \varsigma < -1 \end{cases} \tag{3-12}$$

虽然式 (3-12) 中的 $\text{sat}_m(\varsigma)$ 是分段函数，但根据

$$\lim_{\varsigma \to 1^-} \sin(\pi\varsigma / 2) = \lim_{\varsigma \to 1^+} 1 = 1$$

$$\lim_{\varsigma \to -1^+} \sin(\pi\varsigma / 2) = \lim_{\varsigma \to -1^-} (-1) = -1$$

容易证明 $\text{sat}_m(\varsigma)$ 及其一阶导数全部连续。

备注 3-3：与文献[90, 92, 118, 135]中所用的非光滑饱和函数不同，本章给出的 $\text{sat}_m(\varsigma)$ 在其定义域上连续且光滑，这对生成光滑控制信号具有重要意义。此处，给出图 3-1 以便直观呈现这两种饱和函数的差别。由于 $\text{sat}_m(\varsigma)$ 关于原点对称，该特性为接下来的稳定性分析提供了重要支持。

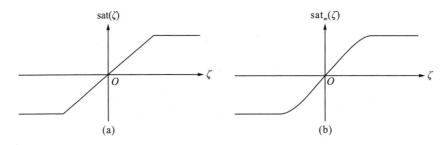

图 3-1   非饱和函数 $\text{sat}(\varsigma)$ 与光滑饱和函数 $\text{sat}_m(\varsigma)$ 的对比图

3.3   基于自增长神经元网络的控制器设计

为构建神经控制器单元，首先定义神经网络训练输入向量 $z = [z_1, \cdots, z_q]^{\text{T}}$：

$$\begin{cases} z_k = x_k, & 1 \leqslant k \leqslant n \\ z_q = -K_p s - \eta\, \text{sat}_m(s / \beta_0) - E_r, & q = n+1 \end{cases} \tag{3-13}$$

式中，β_0，K_p 和 η 为已知正常数；E_r 由式 (3-9) 计算获得。

备注 3-4：神经网络输入向量的维数比系统状态维数高 1 维，因为其不仅包含了系统的状态向量 x，还将参考信号 x_r 后参考信号的导数 $\dot{x}_{nr}$ 作为训练输入。根据式 (3-4)～式 (3-6)，这些变量均与滤波跟踪误差 s 相关，且可通过计算求得。

3.3.1 神经网络输入的紧集限制

当神经网络用于函数逼近时，关键在于确保其输入向量 z 在系统运行期间始终落在紧集中。具体而言，对于任意一个初始化紧集 Ω_z^0，如果从 Ω_z^0 出发的 z 能够在 $t \geq 0$ 时停留在某个紧集 Ω_z 中，神经网络才能在整个系统运行域内发挥万能渐近和函数学习的能力。因此，为了更高效地运用神经网络逼近系统的未知非线性，本章首要任务是确保上述条件成立。

考虑如图 3-2 所示受限李雅普诺夫函数：

$$V_b(s) = \frac{1}{2}\ln\frac{\beta_1^2}{\beta_1^2 - s^2} \tag{3-14}$$

式中，s 为式 (3-6) 的滤波误差；β_1 为控制目标中给定的正常数。$V_b(s)$ 在集合 $S := \{s \in R \mid -\beta_1 < s < \beta_1\}$ 上正定，并且一阶导数连续。显然，对于 $|s(0)| < \beta_1$，如果所提出的控制方案能确保在任意时刻都有 $0 \leq V_b(s) < \infty$，则 $\forall t \geq 0$，有 $|s(t)| < \beta_1$ 成立。根据式 (3-13) 可知，神经网络输入 z 与滤波误差 s 直接关联，由此可证存在一个紧集 Ω_z 使 z 在 $t \geq 0$ 的任意时刻都能落在其中。综上，可归纳如下定理。

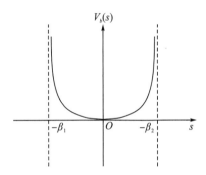

图 3-2　BLF 示意图

定理 3-1： 考虑如式 (3-13) 给出的神经网络输入向量 z。已知

$$x_k(0) \leq b_{k,0}, \quad 1 \leq k \leq n \tag{3-15}$$

$$-b_{kr}^l \leq x_{kr}(t) \leq b_{kr}^u, \quad 1 \leq k \leq n \tag{3-16}$$

$$\left|\dot{x}_{nr}(t)\right| \leq d_{nr} \tag{3-17}$$

式中，$b_{k,0}$，b_{kr}^l，b_{kr}^u 和 d_{nr} 为已知正常数。令

$$\beta_1 = \sum_{k=1}^{n} p_k(b_{kx} - b_{kr}) \tag{3-18}$$

为滤波误差 s 在式 (3-14) 上的约束，p_k 由式 (3-10) 计算，$b_{kr} = \max(b_{kr}^l, b_{kr}^u)$，$b_{kx}$ 根据式 (3-19) 选取：

$$b_{kx} > b_{k,0} + 2b_{kr} \tag{3-19}$$

当 $t \geq 0$ 时，有 $|s(t)| < \beta_1$ 成立，则对于任意初始紧集

$$\Omega_z^0 := \left\{ z(0) \in \mathrm{R}^{n+1} \mid \|z(0)\| \leq B_0, B_0 > 0 \right\} \tag{3-20}$$

存在如下关于 Ω_z^0 的超集 Ω_z

$$\Omega_z := \left\{ z(t) \in \mathrm{R}^{n+1} \mid \|z(t)\| \leq B_Z, B_Z > B_0 + B' \right\} \tag{3-21}$$

式中，B_0，B'，B_Z 为正常数。

证明如下。

根据式 (3-13)，神经网络输入 z 可被写成 $z = [x^{\mathrm{T}}, z_q]^{\mathrm{T}}$，其中 $x \in \mathrm{R}^n$，$z_q \in \mathrm{R}$。定义式 (3-22)：

$$\|x(t)\| \leq B_X, \qquad |z_q(t)| \leq B_q \tag{3-22}$$

如果式 (3-22) 对于全部 $\|x(t)\| \leq B_X$，$|z_q(t)| \leq B_q$ 成立，则不难推出

$$\|z(t)\| = \sqrt{B_X^2 + B_q^2} \leq B_X + B_q := B_Z \tag{3-23}$$

因此，证明可以分为以下两个部分完成。

(1) 证明 $\|x(t)\| \leq B_X$ 成立。

当 $t = 0$，由式 (3-6)、式 (3-15) 和式 (3-16) 可得

$$
\begin{aligned}
|s(0)| &= \left| \sum_{k=1}^{n} p_k (x_k(0) - x_{kr}(0)) \right| \leq \left| \sum_{k=1}^{n} p_k b_{k,0} \right| + \left| \sum_{k=1}^{n} p_k \max(b_{kr}^l, b_{kr}^u) \right| \\
&\leq \left| \sum_{k=1}^{n} p_k b_{k,0} \right| + \left| \sum_{k=1}^{n} p_k b_{kr} \right| = \sum_{k=1}^{n} p_k (b_{k,0} + b_{kr})
\end{aligned} \tag{3-24}
$$

结合式 (3-18) 和式 (3-19)，式 (3-24) 可继续写成

$$|s(0)| < \sum_{k=1}^{n} p_k b_{kx} - \sum_{k=1}^{n} p_k b_{kr} < \beta_1 \tag{3-25}$$

若 $|s(t)| < \beta_1$ 成立，根据式 (3-6) 进一步推出

$$|s(t)| = \left| \sum_{k=1}^{n} p_k (x_k(t) - x_{kr}(t)) \right| < \beta_1 \tag{3-26}$$

通过不等式法则，式 (3-26) 变形为

$$\left| \sum_{k=1}^{n} p_k x_k(t) \right| \leq \beta_1 + \sum_{k=1}^{n} p_k b_{kr} \leq \sum_{k=1}^{n} p_k b_{kx} \tag{3-27}$$

由此得到

$$|x_k(t)| \leq b_{kx}, \qquad k = 1, 2, \cdots, n \tag{3-28}$$

令 $B_X = \sum_{k=1}^{n} b_{kx}$，$B_{X0} = \sum_{k=1}^{n} b_{k,0}$，$B_v = 2\sum_{k=1}^{n} b_{kr}$，则 $B_X > B_{X0} + B_v$。因此，对于紧集

$$\Omega_X^0 = \left\{ x(0) \in \mathrm{R}^n \mid \|x(0)\| \leq B_{X0}, B_{X0} > 0 \right\} \tag{3-29}$$

存在一个关于 Ω_X^0 的超集 $\Omega_X = \left\{ x(t) \in \mathrm{R}^n \mid \|x(t)\| \leqslant B_X, B_X > B_{X0} + B_\nu \right\}$，使得状态 $x(t)$ 针对所有 $t \geqslant 0$ 保持在 Ω_X 中。

(2) 证明 $|z_q(t)| \leqslant B_q$ 成立。

当 $t = 0$ 时，联合式 (3-6)、式 (3-9) 和式 (3-12)，可得

$$
\begin{aligned}
\left| z_q(0) \right| &\leqslant \left| K_p s(0) \right| + \left| \eta \mathrm{sat}_m(s / \beta_0) \right| + \left| E_r \right| \\
&\leqslant \left| K_p s(0) \right| + \eta + \left| \dot{x}_{nr} \right| + \left| \sum_{k=2}^{n} p_{k-1}(x_k(0) - x_{kr}(0)) \right|
\end{aligned}
\tag{3-30}
$$

由于式 (3-25) 中已得到 $|s(0)| < \beta_1$，所以式 (3-30) 可表示为

$$
\left| z_q(0) \right| \leqslant K_p \beta_1 + \eta + d_{nr} + \sum_{k=2}^{n} p_{k-1}(b_{k,0} + b_{kr}) \coloneqq B_{q0}
\tag{3-31}
$$

又因为当 $|s(t)| < \beta_1$ 成立时式 (3-28) 成立，故能得到

$$
\left| z_q(t) \right| \leqslant K_p \beta_1 + \eta + d_{nr} + \sum_{k=2}^{n} p_{k-1}(b_{kx} + b_{kr}) \coloneqq B_q
\tag{3-32}
$$

令 $B_d = \sum_{k=2}^{n} p_k(b_{k,0} + 2b_{kr})$，由式 (3-19) 易得 $B_q > B_{q0} + B_d$。同理，对于任意一个初始紧集

$$
\Omega_q^0 = \left\{ z_q(0) \in \mathrm{R} \mid \left| z_q(0) \right| \leqslant B_{q0}, B_{q0} > 0 \right\}
\tag{3-33}
$$

存在一个关于 Ω_q^0 的超集 $\Omega_q = \left\{ z_q(t) \in \mathrm{R} \mid \left| z_q(t) \right| \leqslant B_q, B_q > B_{q0} + B_d \right\}$，使得状态 $z_q(t)$ 针对所有 $z_q(t)$ 保持在 Ω_q 中。

令 $B_0 = B_{X0} + B_{q0}$，$B' = B_\nu + B_d$，最终得到 $B_Z = B_X + B_q > B_{X0} + B_\nu + B_{q0} + B_d > B_0 + B'$，由于 B_0 和 B' 可求得且不变，式 (3-23) 自然成立，证明结束。

备注 3-5：定理 3-1 针对所给的神经网络输入 z 验证了紧集的存在性，并定量证明了解析解的存在。在 3.3.3 节中，将给出控制方案以确保对于所有 $t \geqslant 0$ 有 $|s(t)| < \beta_1$ 成立，从而满足神经网络渐近所必需的紧集先决条件。

3.3.2　自调节网络结构

1. 局部权值学习框架

考虑连续函数 $g(z): \mathrm{R}^q \mapsto \mathrm{R}$。$g(z)$ 的渐近表达式可以写成

$$
\hat{g}(z) = \sum_{i=1}^{M(t)} \bar{\varPsi}_i(z) \hat{g}_i(z) = \bar{\varPsi}_1 \hat{g}_1 + \bar{\varPsi}_2 \hat{g}_2 + \cdots + \bar{\varPsi}_M \hat{g}_M
\tag{3-34}
$$

并且 $\hat{g}_i(z)$ 代表第 i 个径向基子网络，定义如下

$$
\hat{g}_i(z) = \phi_i^{\mathrm{T}}(z) \hat{W}_i(z)
\tag{3-35}
$$

权值向量 $\hat{W}_i(z) = [w_{1,i}, w_{2,i}, \cdots, w_{(q+1),i}]^{\mathrm{T}} \in \mathrm{R}^{q+1}$，$\phi_i(z) = [1, G_{i,1}(z_1), \cdots, G_{i,q}(z_q)]^{\mathrm{T}} \in \mathrm{R}^{q+1}$

为利普希茨连续基函数。选以下高斯函数为基函数：

$$G_{i,j}(z_j) = \chi_b \exp\left[-(z_j - \mu_{i,j})^2 / \sigma_b^2\right], \quad 1 \leq j \leq q \tag{3-36}$$

式中，$\bar{\mu}_i = [\mu_{i,1}, \mu_{i,2}, \cdots, \mu_{i,q}]^T$ 为基函数中心位置；σ_b 和 χ_b 为正常数且分别表示基函数宽度与幅度。

由式(3-34)可知，$M(t)$ 代表 RBF 子网络数量。值得注意的是，该神经网络由多个子网络构成，并且子网络的数量随着时间而发生变化，这与固定元个数的神经网络构造截然不同。$\bar{\Psi}_i(z)$ 表示各个子网对应的权重系数，故

$$\sum_{i=1}^{M(t)} \bar{\Psi}_i(z) = 1 \tag{3-37}$$

备注 3-6： 对于 $1 \leq i, k \leq M(t)$，$i \neq k$，若 $\bar{\mu}_i \neq \bar{\mu}_k$ 则有 $\phi_i(z) \neq \phi_k(z)$ 成立。显然，这类自调节神经网络所包含的子网络基函数具有不同的中心位置。

不失一般性，定义第 i 个最优权值向量为

$$W_i^* = \arg\min_{\hat{W}_i} \left\{ \sup_{z \in \Omega^i} |g(z) - \hat{g}_i(z)| \right\} \tag{3-38}$$

式中，Ω^i 为第 i 个子网络的超集。第 i 个子网络的理想输出表示为

$$g_i^*(z) = \phi_i^T(z)W_i^* \tag{3-39}$$

定义从 $g_i^*(z)$ 到 $g_i(z)$ 在 $z \in \Omega^i$ 上的局部渐近误差

$$\varepsilon_{g_i} = g(z) - g_i^*(z) \tag{3-40}$$

以及从 $\hat{g}_i(z)$ 到 $g_i(z)$ 在 $z \in \Omega$ 上的固有全局渐近误差

$$\varepsilon_g = g(z) - \sum_{i=1}^{M(t)} \bar{\Psi}_i(z) g_i^*(z) \tag{3-41}$$

假设 3-2： 通过选择合适的基函数 $\phi_i^T(z)$ 和紧集区间 Ω^i，局部渐近误差 ε_{g_i} 存在某一恒定上界 $\eta > 0$，使得 $|\varepsilon_{g_i}| \leq \eta$。

备注 3-7： 如文献[90]所述，上述假设是所有函数渐近方法的前提，无论是固定神经网络、模糊网络还是自组织网络。根据文献[90]和文献[118]可知，局部渐近误差 ε_{g_i} 与全局渐近误差 ε_g 满足 $|\varepsilon_g| \leq |\varepsilon_{g_i}|$。结合假设 3-2，对于 $z \in \Omega$ 可以得到：

$$|\varepsilon_g| \leq \eta \tag{3-42}$$

备注 3-8： 本章所给出的控制器可以确保对于所有 $t \geq 0$ 有 $z \in \Omega$ 成立。由于 $z(t)$ 是所有子网络的输入，所以可以很方便地建立起 Ω 与 Ω_i 的关系，即 $\Omega = \Omega_i$。注意到，这与传统自组织在线渐近方法要求的 $\Omega = \bigcup \Omega_i$ 不同[90]。因此，本章所提出的控制方法自然地避免了当 $z \notin \Omega_i$ 或 $z \notin \bigcup \Omega_i$ 时，整个神经网络必须失效一段时间或需要额外产生新神经元的情况发生。

2. 权值自适应律

令权值估计误差向量为

$$\tilde{W}_i = \hat{W}_i - W_i^*, \quad i = 1, 2, \cdots, M(t) \tag{3-43}$$

权值自适应律为

$$\dot{\hat{W}}_i = -K_p \hat{W}_i + \frac{s}{\beta_1^2 - s^2} \rho \bar{\Psi}_i \phi_i \tag{3-44}$$

式中，选取正常数 $K_p > 0$ 避免权值漂移，常数 $\rho > 0$ 设定学习速率，β_1 的选取满足 $\beta_1 > \max\left(\beta_0, \sum_{k=1}^{n} p_k(b_{k,0} + b_{kr})\right)$。

3. 高斯权重函数

给出式 (3-34) 中归一化权重函数 $\bar{\Psi}_i(z)$ 的具体表达式：

$$\bar{\Psi}_i(z) = \psi_i(z) \bigg/ \sum_{i=1}^{M(t)} \psi_i(z) \tag{3-45}$$

式中，径向对称高斯权重函数为

$$\psi_i(z) = \exp\left(-\|z - \bar{\mu}_i\|^2 \big/ \sigma^2\right), \quad i = 1, 2, \cdots, M(t) \tag{3-46}$$

$\bar{\mu}_i$ 和 σ 分别为 $\psi_i(z)$ 的中心位置和宽度。在传统神经网络中，高斯函数的中心位置与宽度往往通过人工选取，这与生物大脑的工作机制相违背。本章将结合局部权值学习框架，自动确定 $\bar{\mu}_i$ 的取值，使所提出的神经自适应控制器具备更强的适应与学习能力。

备注 3-9： 有别于文献[31]、文献[90]、文献[135]所用的四次幂权重函数，本章利用高斯函数构建网络，具有以下两点优势：

(1) $\psi_i(z)$ 的导数连续，从而有 $\bar{\Psi}_i(z)$ 光滑，因此有助于产生光滑的控制信号；

(2) $\psi_i(z)$ 不仅关于 $z = \bar{\mu}_i$ 轴对称而且在定义域上恒为正，这意味着每一个子网络都会影响整体网络，尽管程度不同。

由式 (3-46) 不难看出，神经网络输入 z 与高斯函数的中心 $\bar{\mu}_i$ 的欧氏距离越大，$\psi_i(z)$ 越趋于 0，可通过如下准则来判定一个子网络是否处于激活态。

当整体网络包含两个或以上子网络，即 $M(t) \geq 2$ 时，若对于 $1 \leq j \leq M(t)$ 有

$$\psi_j(z) < \gamma, \quad i \neq j \tag{3-47}$$

式中，$\gamma \in (0,1)$ 为常数，则称第 i 个子网络当前处于激活态。

该准则的有趣之处在于其不仅能够判断出哪些子网络是激活的，而且能找到活跃度最高的子网络。例如，通过改写式 (3-45) 得到

$$\bar{\Psi}_i(z) = \frac{\psi_i(z)}{\psi_i(z) + \sum_{j=1,i \neq j}^{M(t)} \psi_j(z)} \tag{3-48}$$

若第 i 个子网络处于最强激活态，则根据式(3-47)，$\bar{\Psi}_i(z)$ 的界可表示成

$$\frac{\psi_i(z)}{\psi_i(z) + (M(t)-1) \cdot \gamma} < \bar{\Psi}_i(z) < 1 \tag{3-49}$$

由万能逼近定理容易证明，当 $\gamma \to 0$ 时，$\bar{\Psi}_i(z) \to 1$，即 $\psi_i(z) \gg (M(t)-1) \cdot \gamma$。因此，$\bar{\Psi}_i(z) \gg \bar{\Psi}_j(z)$。由式(3-34)可知，第 i 个子网络的输出 $\hat{g}_i(z)$ 在整个网络中发挥最大作用，即第 i 个子网络当前处于最强激活态。

3.3.3　控制方案

给出如下神经自适应控制方案：

$$u = u_{nn} + u_c \tag{3-50}$$

其中，控制补偿单元为

$$u_c = K_c \left[-K_p s - \eta \, \mathrm{sat}_m(s / \beta_0) - E_r \right] \tag{3-51}$$

神经网络单元为

$$u_{nn} = -K_c \hat{g} = -K_c \sum_{i=1}^{M(t)} \bar{\Psi}_i(z) \hat{g}_i(z) \tag{3-52}$$

$M(t)$ 为在 t 时刻神经元簇的个数，在 3.3.4 节中将给出关于 $M(t)$ 的计算方法；E_r、$\hat{g}(z)$ 和 $\bar{\Psi}_i(z)$ 分别由式(3-9)、式(3-34)和式(3-45)给出；K_c 为一设计常数，且满足不等式 $K_c < c_l^{-1}$；$c_l = \min[c(x)]$ 为 $c(x)$ 的最小值；$\beta_0 > 0$ 为滤波误差 s 的给定精度；$\eta > 0$ 为一小正数并与神经网络逼近精度相关。

3.3.4　FNSG 策略

为构造时变而非固定的网络结构，本节制定 FNSG 策略。该策略的功能在于正确引导系统添加神经元至整体网络的过程，使神经网络具有结构自调节特性，进而发挥更为健全的学习能力。此外，本节还将给出控制器中关于 $M(t)$ 与 $\bar{\mu}_i$ 的确定方法。

记 N 为系统当前所含神经元总数。由式(3-35)可知，每个 RBF 子网络具有 $q+1$ 个神经元。若系统网络结构的变化来自 RBF 子网络的增加，则每生成一个子网络，会给整个网络带来 $q+1$ 个新增神经元。因此，若系统包含 M 个子网络，则神经元总量 N 可写为

$$N = M(q+1) \tag{3-53}$$

本章通过六个步骤展现新增一个子网络的过程(图 3-3)。

步骤 1：在 $N = M(q+1)$ 时刻，初始化子网络个数为 $M(0) = 1$。由于本节中的系统网络由数目单调递增的子网络所构成，因此该步骤可以确保在任意 $t \geqslant 0$ 时，系统中至少存在一个 RBF 神经网络用于函数渐近。

步骤 2：取 $\bar{\mu}_1 = z(0)$，则通过式(3-35)、式(3-36)可以分别求得 $\hat{g}_1$ 和 $\psi_1(z(t))$。由步骤 1 和式(3-53)可知，对于仅存在 1 个子网络的系统，所含神经元个数为 $N = q+1$。

步骤 3：计算 t 时刻的 $\psi_1(z(t))$，根据高斯函数特性有 $\psi_1(z(t)) \leqslant \psi_1(z(0))$。

步骤 4：当状态变量 $z(t)$ 第一次满足 $\psi_1(z(t)) < \gamma$ 时，记录当前系统时间并用 t_1^e 表示。

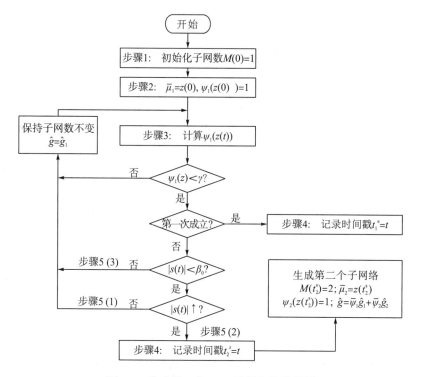

图 3-3　生成第二个 RBF 子网络的流程图

步骤 5：考查滤波误差变量 $s(t)$ 在 $t = t_1^e$ 时刻的值。

(1)若 $|s(t)| \leqslant \beta_0$，即系统已达到预先给定的精度，为减少系统运算负担，无须新增子网络，故系统中神经元总数保持不变。

(2)若 $|s(t)|$ 呈下降趋势(即 $|s(t)| \leqslant |s(t-T_s)|$，其中 T_s 为系统采样周期)，并且 $|s(t)| > \beta_0$，则说明当前控制器能够使误差趋向收敛，同步骤 5(1)，系统当前子网络数保持不变。

(3)若$|s(t)|$呈上升趋势(即$|s(t)|>|s(t-T_s)|$)且$|s(t)|>\beta_0$，则意味着当前系统的神经元总数不足以达到期望的渐近精度，故系统此时需要至少新增一个子网络，避免系统性能恶化。

步骤6：令第二个子网络生成的时刻为$t=t_2^s$，则第二个子网络的高斯权重函数的中心值$\overline{\mu}_2=z(t_2^s)$，于是有$\psi_2(z(t_2^s))=1$且系统当前神经元总数增长为$N=2(q+1)$。

如图3-3所示，上述六步构成了整个网络生成新神经元的基本操作流程。当第一轮子网络生成程序执行后，未知非线性函数逼近将由两个子网络共同完成，即$\hat{g}=\varPsi_1\hat{g}_1+\varPsi_2\hat{g}_2$。由于子网络的增加带来神经元数目的增长，由万能逼近定理可知，包含有足够多数量的神经元网络能够实现任意精度的逼近，因此神经元总数的增长有助于提升神经网络整体的逼近能力。

由此，给出建立第i个子网络所需的条件。

条件1：系统当前子网络均处于非激活态，即$\psi_j[z(t)]<\gamma$，$j=1,2,\cdots,i-1$。

条件2：$|s(t)|>\beta_0$且$|s(t)|>|s(t-T_s)|$。

当系统同时满足上述条件时，系统生成如式(3-35)所示的第i个子网络，且该子网络对应的高斯函数$\psi_i(\cdot)$的中心位置$\overline{\mu}_i$由式(3-54)决定：

$$\overline{\mu}_i=z(t_i^s)，\quad i\in\mathrm{N}^+ \tag{3-54}$$

同时，可知在$t=t_i^s$时刻系统所具有的子网络数量为

$$M(t_i^s)=i，\quad i\in\mathrm{N}^+ \tag{3-55}$$

与绝大多数已有的神经网络控制方法不同的是，本章所给出的神经网络由多个子网络构成，且子网络数目会根据特定条件而自动增长。由3.3.2节给出的子网络激活态判定准则可知，当$t=t_i^s$时，第i个子网络处于激活状态。可以注意到，当条件1和条件2同时满足时，i将自动加1，因而其为单调递增函数。下面将给出$M(t)$在整个系统操作区间内的有限性证明。

引理3-2：若神经网络输入状态$z(t)$对于$t\geq0$都保持有界，则$M(t)$有限。

证明如下。

由反证法，假设当$t\to\infty$时有$M(t)\to\infty$，又因为每个子网络有其相应的$\psi_i(z)$，则$\psi_i(z)\to\infty$。由于$\psi_i(z)$与$\overline{\mu}_i$为一一映射关系，所以存在一个无穷序列$\{\overline{\mu}_i\}_{i=1}^{\infty}$。从式(3-54)可知，$\overline{\mu}_i=z(t_i^s)$，且对于$t\geq0$有$z\in\Omega_z$成立，因此可证无限序列$\{\overline{\mu}_i\}_{i=1}^{\infty}$有界。根据博尔扎诺-魏尔斯特拉斯(Bolzano-Welerstrass)定理，存在关于$\{\overline{\mu}_i\}_{i=1}^{\infty}$的收敛子序列$\{\overline{\mu}_{i_k}\}_{k=1}^{\infty}$，使得

$$\left\|\overline{\mu}_{i_k}-\overline{\mu}_{i_{k-1}}\right\|<\sigma_0 \tag{3-56}$$

对于任意$i_k>\overline{M}$成立，且$\overline{M}>0$为一实数，$\sigma_0>0$为一任意小常数，且$i_k\neq i_{k-1}$。若当$t=t_i^s$时，产生新子网络，由FNSG策略可知$0<\psi_j(t)<\gamma<1$，通过式(3-46)

可推出

$$\psi_j(z) = \exp(-\left\| z(t_i^s) - \bar{\mu}_j \right\|^2 / \sigma^2) < \gamma, \quad j = 1, 2, \cdots, i-1 \qquad (3\text{-}57)$$

求解式 (3-57) 有 $\left\| z(t_i^s) - \bar{\mu}_j \right\| > \sigma\sqrt{-\ln\gamma}$，结合式 (3-54) 可得

$$\left\| \bar{\mu}_i - \bar{\mu}_j \right\| > \sigma\sqrt{-\ln\gamma} \qquad (3\text{-}58)$$

式 (3-58) 对于 $i \neq j$ 均成立，这意味着对于 $\bar{\mu}_i$ 与 $\bar{\mu}_j$ 的欧氏距离不可能小于某一已知正数 $\sigma\sqrt{-\ln\gamma}$。然而，由式 (3-56) 可知，如果 M 无限大，$\left\| \bar{\mu}_i - \bar{\mu}_j \right\|$ 有可能小于一个任意正数 σ_0，与式 (3-58) 的结论相矛盾。因此假设不成立，引理得证。

　　为进一步说明自调节网络在控制器中的作用，给出基于 FNSG 策略的自调节网络控制框图 (图 3-4)。容易看出，控制器 μ 由两部分组成：补偿单元输出控制分量 μ_c 和神经网络单元输出控制分量 μ_{nn}。FNSG 策略负责指导在神经网络单元添加新的 RBF 子网络的过程，权值自适应律对所有子网络中的权值进行实时更新。如图 3-5 所示，在系统初始时 (即 $t=0$)，神经网络单元仅包含一个 RBF 子网络；当建立第 i 个子网络所需的条件全部满足时，子网络总数 M 在 $t=t_i^s$ 时刻增加至 i (图 3-6)。如引理 3-2 所述，$M(t)$ 有限且会在达到最大值 m 后保持稳定不变，即当 $t \geq t_m^s$ 时，有 $M(t)=m$ 恒成立。

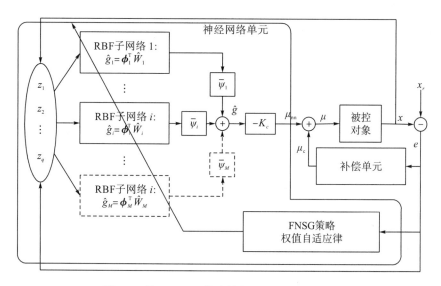

图 3-4　基于 FNSG 策略的自调节网络控制框图

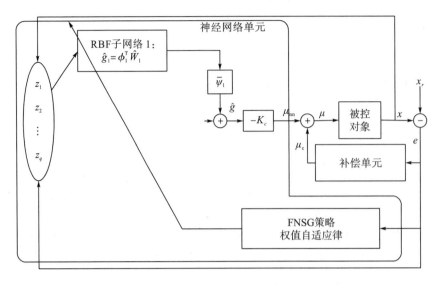

图 3-5　控制器初始结构仅包含一个 RBF 子网络

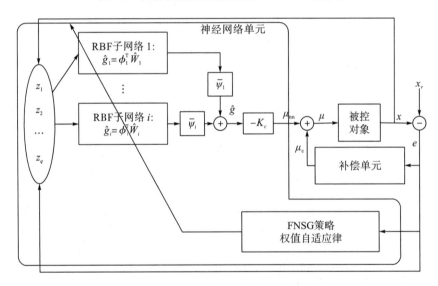

图 3-6　在 $t = t_i$ 时刻子网络总数增长为 i

　　不同于其他大多数神经控制方法，本章中的控制器无须人为事先确定系统中需要包含的神经元数目，而是会根据系统当前的性能表现自动判断是否需要再添加更多神经元，进而节省了冗余神经元造成的运算资源浪费。换言之，所提出的控制器能够在较少数量神经元作用下使被控系统达到预期性能，避免通过反复试错来确定神经元数量，在很大程度上降低了系统的运算负担。

3.4　FNSG 神经控制器稳定性分析

本节将上述全部设计过程归纳为以下定理，并对所提出的 FNSG 神经控制器进行李雅普诺夫稳定性分析与证明。

定理 3-2：考虑如式 (3-1) 给出的非仿射系统及其相应假设 3-1 与假设 3-2，神经网络输入的初始状态 $z(0)$ 从紧集 Ω_z^0 出发，并且满足式 (3-20)。选用 3.3.3 节给出的控制器，神经网络训练输入由式 (3-13) 确定，通过式 (3-44) 对网络权值迭代更新，整体网络按照 3.3.4 节所述 FNSG 策略进行神经元数量更新，则有如下闭环控制系统特性成立。

(1) $\forall t \geq 0$，$|s(t)| < \beta_1$，即在系统初始时刻 $(t = 0)$ 及系统运行期间 $(t > 0)$，神经网络逼近紧集先决条件全部成立。

(2) 滤波误差满足 $|s(t)| < \beta_0$ 且 $|e_k(t)| < \vartheta_k \beta_0$，$t \to \infty$ $(k = 1, 2, \cdots, n)$。

(3) 所有闭环系统信号为一致最终有界。

(4) 除有限时刻 $t = t_i^s$ $(i = 1, 2, \cdots, m)$ 外，控制信号 $u(t)$ 光滑可导，其中 m 为子网络最终 (最大) 值。

证明如下。

将式 (3-13) 代入式 (3-8)，滤波误差的导数为

$$\dot{s} = f(x, u) - z_{n+1} - K_p s - \eta \operatorname{sat}_m(s / \beta_0) \tag{3-59}$$

由式 (3-50) ～式 (3-52) 可知，控制信号 u 等价为

$$u = K_c(-K_p s - \eta \operatorname{sat}_m(s / \beta_0) - E_r) - K_c \hat{g} \tag{3-60}$$

又因为在式 (3-13) 中有 $z_q = -K_p s - \eta \operatorname{sat}_m(s / \beta_0) - E_r$，所以

$$z_{n+1} = K_c^{-1} u + \hat{g} \tag{3-61}$$

将式 (3-61) 代入式 (3-59) 有

$$\dot{s} = f(x, u) - \left(K_c^{-1} u + \hat{g}\right) - K_p s - \eta \operatorname{sat}_m(s / \beta_0) \tag{3-62}$$

可见，如果存在一个理想控制信号 $u_g = -K_c(g - z_{n+1})$，使得

$$f(x, u_g) - \left(K_c^{-1} u_g + \hat{g}\right) = 0 \tag{3-63}$$

即 $f(x, u_g) - z_{n+1} + g - \hat{g}\left(K_c^{-1} u_g + \hat{g}\right) = 0$。则容易证明当 $t \to \infty$ 时有 $|x_1(t) - x_d(t)| \to 0$。为确保该理想控制律存在，较为典型的做法[90, 92, 110]是通过检验映射函数 $\Delta(x, u_g) = f(x, u_g) - K_c^{-1} u_g$。注意到

$$\left|\frac{\partial \Delta}{\partial g}\right| = \left|\frac{\partial\left(f(x, u_g) - K_c^{-1} u_g\right)}{\partial u_g} \cdot \frac{\partial u_g}{\partial g}\right| < 1 \tag{3-64}$$

且有

$$\frac{\partial}{\partial g}\left(\varDelta - g\right) = -K_c \frac{\partial f(x, u_g)}{\partial u} \neq 0 \tag{3-65}$$

根据隐函数定理[103]，存在唯一函数 $g(z)$ 使得 $g(z) = f(x, u_g) - K_c^{-1} u_g$ 对于 $\forall z \in \varOmega_z$ 成立。由此可知 $\hat{g}$ 为函数 $g(z)$ 的近似估计，故式 (3-62) 可进一步写成

$$\dot{s} = -K_p s + (g - \hat{g}) - \eta \operatorname{sat}_m(s / \beta_0) \tag{3-66}$$

选择一组李雅普诺夫函数

$$V_b^1 = V_b + \frac{1}{2} \tilde{W}_1^{\mathrm{T}} \rho^{-1} \tilde{W}_1 \tag{3-67}$$

$$V_b^i = V_b^{i-1} + \frac{1}{2} \tilde{W}_i^{\mathrm{T}} \rho^{-1} \tilde{W}_i, \quad i = 2, 3, \cdots, m \tag{3-68}$$

式中，V_b 如式 (3-14) 定义。

首先，考查 $t \in [t_m^s, \infty)$ 上的李雅普诺夫函数 V_b^m 的收敛性，其中 t_m^s 表示最后一个 RBF 子网络添加的时刻。由式 (3-67) 和式 (3-68) 可知，V_b^m 可写为

$$V_b^m(t) = V_b + \frac{1}{2} \sum_{i=1}^m \tilde{W}_i^{\mathrm{T}} \rho^{-1} \tilde{W}_i = \frac{1}{2} \left(\ln \frac{\beta_1^2}{\beta_1^2 - s^2} + \sum_{i=1}^m \tilde{W}_i^{\mathrm{T}} \rho^{-1} \tilde{W}_i \right) \tag{3-69}$$

对 V_b^m 求时间导数，并将式 (3-34)、式 (3-41)、式 (3-66) 代入，推出

$$\begin{aligned}
\dot{V}_b^m(t) &= \frac{1}{2} \frac{\mathrm{d}}{\mathrm{d}t} \left(\ln \frac{\beta_1^2}{\beta_1^2 - s^2} + \sum_{i=1}^m \tilde{W}_i^{\mathrm{T}} \rho^{-1} \tilde{W}_i \right) \\
&= -\frac{1}{\beta_1^2 - s^2} \left\{ K_p s^2 - s \left[\varepsilon_g - \eta \operatorname{sat}_m(\varsigma) \right] - \sum_{i=1}^m s \bar{\varPsi}_i \left(g_i^* - \hat{g}_i \right) \right\} \\
&\quad + \sum_{i=1}^m \tilde{W}_i^{\mathrm{T}} \rho^{-1} \dot{\hat{W}}_i
\end{aligned} \tag{3-70}$$

根据式 (3-35)、式 (3-39)、式 (3-43)，$\dot{V}_b^m$ 可进一步写成

$$\begin{aligned}
\dot{V}_b^m(t) &= -\frac{s^2}{\beta_1^2 - s^2} K_p + \frac{s}{\beta_1^2 - s^2} \left[\varepsilon_g - \eta \operatorname{sat}_m(\varsigma) \right] \\
&\quad + \sum_{i=1}^m \left(\tilde{W}_i^{\mathrm{T}} \rho^{-1} \dot{\hat{W}}_i - \frac{s}{\beta_1^2 - s^2} \bar{\varPsi}_i \phi_i^{\mathrm{T}} \tilde{W}_i \right)
\end{aligned} \tag{3-71}$$

注意到对于 $s \in (-\beta_1, \beta_1)$，有

$$-\frac{s^2}{\beta_1^2 - s^2} < -\frac{1}{2} \ln \frac{s^2}{\beta_1^2 - s^2} \tag{3-72}$$

成立。所以，式 (3-71) 可表示为

$$\begin{aligned}
\dot{V}_b^m(t) &\leqslant -K_p \left(V_b + \frac{1}{2} \sum_{i=1}^m \tilde{W}_i^{\mathrm{T}} \rho^{-1} \tilde{W}_i \right) + \frac{1}{2} K_p \sum_{i=1}^m \tilde{W}_i^{\mathrm{T}} \rho^{-1} \tilde{W}_i \\
&\quad + \frac{s}{\beta_1^2 - s^2} \left[\varepsilon_g - \eta \operatorname{sat}_m(\varsigma) \right] + \sum_{i=1}^m \left(\tilde{W}_i^{\mathrm{T}} \rho^{-1} \dot{\hat{W}}_i - \frac{s}{\beta_1^2 - s^2} \bar{\varPsi}_i \phi_i^{\mathrm{T}} \tilde{W}_i \right)
\end{aligned} \tag{3-73}$$

根据式 (3-43) 给出的误差权值定义，容易证明 $\tilde{W}_i^{\mathrm{T}} \tilde{W}_i \leqslant W_i^{*\mathrm{T}} W_i^* + 2\tilde{W}_i^{\mathrm{T}} \hat{W}_i$ 成立，故 $\dot{V}_b^m$ 可继续表示为

$$\dot{V}_b^m(t) \leqslant -K_p V_b^m + \frac{1}{2} K_p \sum_{i=1}^m \left(W_i^{*\mathrm{T}} \rho^{-1} W_i^* + 2\tilde{W}_i^{\mathrm{T}} \rho^{-1} \hat{W}_i \right)$$
$$+ \frac{s}{\beta_1^2 - s^2} \left[\varepsilon_g - \eta \operatorname{sat}_m(\varsigma) \right] + \sum_{i=1}^m \left(\tilde{W}_i^{\mathrm{T}} \rho^{-1} \dot{\hat{W}}_i - \frac{s}{\beta_1^2 - s^2} \overline{\varPsi}_i \phi_i^{\mathrm{T}} \tilde{W}_i \right) \tag{3-74}$$

整理得到

$$\dot{V}_b^m(t) \leqslant -K_p V_b^m + \frac{1}{2} K_p \sum_{i=1}^m W_i^{*\mathrm{T}} \rho^{-1} W_i^*$$
$$+ \sum_{i=1}^m \left[\tilde{W}_i^{\mathrm{T}} \rho^{-1} \left(\dot{\hat{W}}_i + K_p \hat{W}_i \right) - \frac{s}{\beta_1^2 - s^2} \overline{\varPsi}_i \phi_i^{\mathrm{T}} \tilde{W}_i \right] \tag{3-75}$$
$$+ \frac{s}{\beta_1^2 - s^2} \left[\varepsilon_g - \eta \operatorname{sat}_m(\varsigma) \right]$$

将式 (3-44) 的权值自适应律代入，

$$\dot{V}_b^m(t) \leqslant -K_p V_b^m + \frac{1}{2} K_p \sum_{i=1}^m W_i^{*\mathrm{T}} \rho^{-1} W_i^* + \varTheta \tag{3-76}$$

其中

$$\varTheta = \frac{s}{\beta_1^2 - s^2} \left[\varepsilon_g - \eta \operatorname{sat}_m(\varsigma) \right] \tag{3-77}$$

注意 $\varsigma = s / \beta_0$。下面结合式 (3-42)，$|\varepsilon_g| \leqslant \eta$，检验以下两种情况。

(1) 当 $|s| > \beta_0$ 时，有 $|\operatorname{sat}_m(\varsigma)| = 1$，易证 $\varTheta < 0$ 恒成立。因此式 (3-76) 可继续写成

$$\dot{V}_b^m(t) \leqslant -K_p V_b^m + \frac{1}{2} K_p \sum_{i=1}^m W_i^{*\mathrm{T}} \rho^{-1} W_i^* \tag{3-78}$$

(2) 当 $|s| \leqslant \beta_0$ 时，$\varTheta$ 可进一步表示成

$$\varTheta = \frac{s}{\beta_1^2 - s^2} \left[\varepsilon_g - \eta \sin\left(\frac{\pi s}{2\beta_0} \right) \right] \leqslant \frac{s\varepsilon_g}{\beta_1^2 - s^2} - \frac{s^2 \eta}{\beta_0 (\beta_1^2 - s^2)}$$
$$< \frac{s\varepsilon_g}{\beta_1^2 - s^2} \leqslant \frac{\beta_0 \eta}{\beta_1^2 - \beta_0^2} \triangleq \varTheta_m \tag{3-79}$$

因为 $\eta > 0$，$\beta_1 > \beta_0 > 0$，所以 $\varTheta_m$ 为一正常数。

可见，上述两种情况均能够使式 (3-76) 写成如下形式

$$\dot{V}_b^m(t) \leqslant -\varpi_1^m V_b^m + \varpi_2^m \tag{3-80}$$

且有 $\varpi_1^m = K_p$，$\varpi_2^m = \min \left[\varTheta_m, (1/2) K_p \sum_{i=1}^m W_i^{*\mathrm{T}} \rho^{-1} W_i^* \right]$。因此，对于所有 $t \in [t_m^s, \infty)$，所设计的控制器能够确保 V_b，权值误差 $\tilde{W}_i$ ($i = 1, 2, \cdots, m$) 以及滤波误差 $s(t)$ 均有界。

令 $\varpi_0^m = \varpi_2^m / \varpi_1^m$。在 $t \in [t_m^s, t]$ 上对 $\dot{V}_b^m$ 积分，得到

$$V_b^m(t) \leqslant \varpi_0^m + \left[V_b^m(t_m^s) - \varpi_0^m\right]\exp\left[-\varpi_1^m(t-t_m^s)\right] \leqslant \varpi_0^m + V_b^m(t_m^s) \qquad (3\text{-}81)$$

由于系统中神经元总数只随着新子网络的生成而增加,在没有新的子网络生成时,系统中神经元个数不会实时变化。因此,若将 $t \in [0,\infty)$ 划分为多个时间区域,每个区域上的李雅普诺夫函数均可得到如 $t \in [t_m^s,\infty)$ 区间的分析结果,即

$$0 < V_b^1(t) \leqslant \varpi_0^1 + \left[V_b^1(t_1^s) - \varpi_0^1\right]\exp\left[-\varpi_1^1(t-t_1^s)\right] \leqslant \varpi_0^1 + V_b^1(t_1^s), \qquad 0 = t_1^s \leqslant t < t_2^s$$

$$0 < V_b^2(t) \leqslant \varpi_0^2 + \left[V_b^2(t_2^s) - \varpi_0^2\right]\exp\left[-\varpi_1^2(t-t_2^s)\right] \leqslant \varpi_0^2 + V_b^2(t_2^s), \qquad t_2^s \leqslant t < t_3^s$$

$$0 < V_b^m(t) \leqslant \varpi_0^m + \left[V_b^m(t_m^s) - \varpi_0^m\right]\exp\left[-\varpi_1^m(t-t_m^s)\right] \leqslant \varpi_0^m + V_b^m(t_m^s), \qquad t_m^s \leqslant t < t_{m+1}^s \to \infty$$

注意到 $\varpi_1^1 = \varpi_1^2 = \cdots = \varpi_1^m = K_p$,理想权值 W_i^* , $i=1,2,\cdots,m$ 为常值,故

$$\sum_{i=1}^{m} W_i^{*\text{T}} \rho^{-1} W_i^* \geqslant \sum_{i=1}^{m-1} W_i^{*\text{T}} \rho^{-1} W_i^* \geqslant \cdots \geqslant \sum_{i=1}^{2} W_i^{*\text{T}} \rho^{-1} W_i^* \geqslant W_1^{*\text{T}} \rho^{-1} W_1^*$$

由于 ϖ_2^m 取的是 Θ_m 和 $(1/2)K_p\sum_{i=1}^{m} W_i^{*\text{T}} \rho^{-1} W_i^*$ 的最小值,且 $\varpi_2^m \propto \varpi_0^m$,所以

$$\varpi_0^m \geqslant \varpi_0^{m-1} \geqslant \cdots \geqslant \varpi_0^2 \geqslant \varpi_0^1$$

考虑李雅普诺夫函数 $V(t) = \left\{V_b^i(t) \mid t \in [t_i^s, t_{i+1}^s), i=1,2,\cdots,m\right\}$,结合式(3-81)可推出

$$V(t) \leqslant \varpi_0^m + \left[V_b^i(t_i^s) - \varpi_0^1\right]\exp\left[-K_p(t-t_i^s)\right] \qquad (3\text{-}82)$$

式中, $\varpi_0^1 = K_p^{-1}\min\left[\Theta_m, (1/2)K_p W_1^{*\text{T}} \rho^{-1} W_1^*\right]$ 。由式(3-69)有 $V_b(t) \leqslant V(t)$ 成立,故式(3-82)可以重新写成

$$\begin{aligned} V_b(t) &= \frac{1}{2}\ln\frac{\beta_1^2}{\beta_1^2 - s(t)^2} \leqslant V(t) \\ &\leqslant \varpi_0^m + \left[V_b^i(t_i^s) - \varpi_0^1\right]\exp\left[-K_p(t-t_i^s)\right] \qquad (3\text{-}83) \\ &\leqslant \varpi_0^m + V_b^i(t_i^s) \end{aligned}$$

因为 ϖ_0^m 与 $V_b^i(t_i^s)$ 有界,所以 $V_b(t)$ 在 $t \in [0,\infty)$ 上有界。因此,对于任意 $t \geqslant 0$, $s(t)$ 处于集合 $S = \{s \in R \mid -\beta_1 < s < \beta_1\}$ 内。结合定理3-1可知,当 $|s(t)| < \beta_1$ 恒成立时,神经网络逼近紧集先决条件在系统运行期间始终成立,故特性(1)得证。

对式(3-83)的不等式两侧分别取指数,有

$$1 < \frac{\beta_1^2}{\beta_1^2 - s(t)^2} \leqslant \exp\left\{2\varpi_0^m + 2\left[V_b^i(t_i^s) - \varpi_0^1\right]\exp\left[-K_p(t-t_i^s)\right]\right\} := \Xi \qquad (3\text{-}84)$$

整理得到 $|s(t)| \leqslant \beta_1\sqrt{1-\Xi^{-1}}$ 。若 $\beta_0 = \beta_1\sqrt{1-\exp(-2\varpi_0^m)}$,则当 $t \to \infty$ 时,有 $|s(t)| \leqslant \beta_0$ 。在该配置下因为 $\varpi_0^m > 0$,所以 $\beta_0 < \beta_1$ 的前提自然满足。通过调整适当的控制器设计参数,能够实现任意小的精度跟踪,因此该控制器可使系统收敛到给定精度。根据引理3-1,进一步得出结论 $\|e(t)\| \leqslant \|A\|\beta_0$, $|e_k(t)| \leqslant \vartheta_k\beta_0$ ($k=1,2,\cdots,n$),且状态误差 $e(t)$ 以指数速度收敛到原点的小邻域内,故特性(2)

得证。又因为权值估计误差 $\tilde{W}_i$（$i = 1, 2, \cdots, m$）有界，根据 $e(t)$、$x(t)$、$u(t)$ 的表达式可知，这些信号在系统运行期间全部保持有界，因此特性 (3) 得证。

本段分析控制器 u 的光滑性并给出特性 (4) 的证明过程。注意到 u 的光滑可导取决于 $\dot{u}$ 的连续，u 的连续性取决于 $\dot{u}$ 的有界。因此，对 3.3.3 节给出的控制器求导并分析 $\dot{u}$ 中包含的各个分量的连续性，注意到

$$\dot{u} = -K_c\left(K_p\dot{s} + \eta\dot{s}\frac{\partial(\mathrm{sat}_m(\varsigma))}{\partial s} - \dot{E}_r - \sum_{i=1}^{M(t)}\left(\dot{\bar{\Psi}}_i\phi_i^{\mathrm{T}}\hat{W}_i + \bar{\Psi}_i(\dot{\phi}_i^{\mathrm{T}}\hat{W}_i + \phi_i^{\mathrm{T}}\dot{\hat{W}}_i)\right)\right) \quad (3\text{-}85)$$

式中，易知 $\dot{s}$、$\dot{E}_r$、$\hat{W}_i$、$\dot{\hat{W}}$ 连续；由式 (3-12) 的定义有 $\mathrm{sat}_m(\varsigma)$ 连续光滑；由式 (3-36) 和式 (3-46) 可知，$\bar{\Psi}_i$ 和 ϕ_i 关于时间可导，故其导数 $\dot{\bar{\Psi}}_i$ 和 $\dot{\phi}_i^{\mathrm{T}}$ 连续。

由此可见，$\dot{u}$ 的所有分量全部连续。因此，在没有新网络生成的时间里，即 $M(t)$ 保持为某一常数时，可以得到 u 光滑可导的结论。根据 FNSG 策略，$M(t) = i$，$t_i^s \leqslant t < t_{i+1}^s$，即在 $t = t_i^s$（$i = 1, 2, \cdots, m$）时，神经元总数将发生改变，因此式 (3-85) 等价于

$$\dot{u} = \begin{cases} -K_c\left(K_p\dot{s} + \eta\dot{s}\dfrac{\partial(\mathrm{sat}_m(\varsigma))}{\partial s} - \dot{E}_r - \left(\dot{\bar{\Psi}}_1\phi_1^{\mathrm{T}}\hat{W}_1 + \bar{\Psi}_1\left(\dot{\phi}_1^{\mathrm{T}}\hat{W}_1 + \phi_1^{\mathrm{T}}\dot{\hat{W}}_1\right)\right)\right), \ t \in [0, t_2^s) \\ \quad \vdots \\ -K_c\left(K_p\dot{s} + \eta\dot{s}\dfrac{\partial(\mathrm{sat}_m(\varsigma))}{\partial s} - \dot{E}_r - \displaystyle\sum_{i=1}^{m-1}\left(\dot{\bar{\Psi}}_i\phi_i^{\mathrm{T}}\hat{W}_i + \bar{\Psi}_i\left(\dot{\phi}_i^{\mathrm{T}}\hat{W}_i + \phi_i^{\mathrm{T}}\dot{\hat{W}}_i\right)\right)\right), \ t \in [t_{m-1}^s, t_m^s) \\ -K_c\left(K_p\dot{s} + \eta\dot{s}\dfrac{\partial(\mathrm{sat}_m(\varsigma))}{\partial s} - \dot{E}_r - \displaystyle\sum_{i=1}^{m}\left(\dot{\bar{\Psi}}_i\phi_i^{\mathrm{T}}\hat{W}_i + \bar{\Psi}_i\left(\dot{\phi}_i^{\mathrm{T}}\hat{W}_i + \phi_i^{\mathrm{T}}\dot{\hat{W}}_i\right)\right)\right), \ t \in [t_m^s, \infty) \end{cases}$$

显然，$\dot{u}$ 是根据时间的分段函数，而不连续点仅发生在神经元新增的时刻，即 $t = t_i^s$。根据特性 (3) 可知，$\dot{u}$ 中的所有信号为一致最终有界，因此 u 在 $t \geqslant 0$ 时连续。结合引理 3-2，由于神经网络输入状态 $z(t)$ 在 $t \geqslant 0$ 时始终保持有界，$M(t)$ 有限，所以 $\dot{u}$ 的不连续点个数有限。因此，除有限时刻 $t = t_i^s$（$i = 1, 2, \cdots, m$）外，控制信号 $u(t)$ 在 $t \in [0, \infty)$ 上光滑可导，其中 m 为子网络最终稳定值，特性 (4) 得证。

定理 3-2 得证。

图 3-7 将本章提出的基于 FNSG 的神经控制器与传统自组织型控制器的设计方法 (直角矩形标示) 与直接影响结果 (椭圆标示) 进行了对比分析。从图 3-7 中可以直观地看出，FNSG 控制器不仅能够同时解决 3.1 节提出的两个问题，同时带来了最终平滑的控制信号输出以及较少数量的神经元，与传统自组织控制器相比具有一定优势，具体可总结为如下五点。

(1) 系统在运行期间，紧集先决条件始终成立，即神经网络输入状态在控制器作用下能够一直保持在一确定紧集内。

(2) 控制器中不包含切换控制或监督控制部分，确保了神经控制单元在任意时刻的逼近有效性和安全性，从而充分发挥神经网络的学习与推理能力，以便控制

系统在应对未知不确定性、克服快变扰动、提升控制精度、增强鲁棒性等方面具有更出色的表现。

(3)得益于所设计的光滑饱和函数、高斯权重函数以及连续的权值更新率,控制信号 u 在 $t \geq 0$ 上具有一致连续性,同时除去有限时刻点外(即神经元新增时刻),控制器 u 具有光滑可导性。

(4)在 FNSG 策略指导下,神经网络的神经元个数和权值能够进行自动更新,使得神经网络的结构和参数具有可变性与自适应性。

(5)与早期的自构造方法相比,FNSG 策略有效避免了生成冗余神经元的过程,因此所设计的神经控制器使用较少数量的神经元即可达到预期的控制效果,在具有较强的自适应能力的同时,大幅降低运算负担。

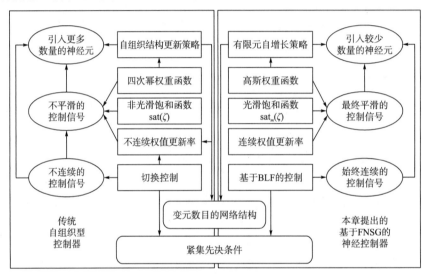

图 3-7 基于 FNSG 的神经控制器与传统自组织型控制器特性对比分析

3.5 仿 真 验 证

本节通过数值算例检验 FNSG 控制器的有效性与优越性。该控制器将分别在无外界干扰和有外界干扰两种情形下进行测试,同时与文献[90]的自组织型控制器,以及固定神经元个数的神经控制器进行对比,从滤波误差绝对值的累加、SAFE 算法的执行时间、最终神经元个数、抵达稳态的时间和控制信号抖动情况出发,考查 FNSG 控制器的具体性能及表现。

3.5.1 系统无扰动情形

对如下二阶非仿射系统进行仿真:

$$\begin{cases} \dot{x}_1 = x_2 \\ \dot{x}_2 = f(x,u) \end{cases}$$

为进行对比，$f(x,u)$ 的选取与文献[90]保持一致，即

$$f(x,u) = \begin{cases} u + 0.5\sin(u), & x_1 + x_2 < 0 \\ \sin(x_1 + x_2) + u + 0.5\sin(u), & \text{其他} \end{cases} \tag{3-86}$$

$f(x,u)$ 为系统未知非线性模型，因此控制器中不会用到该函数的信息。由式 (3-86) 不难求出 $\partial f / \partial u = 1.5$，若取 $\min[c(x)] = c_l = 0.75$，显然满足假设 3-1。此外，FNSG 控制器与 $a(x)$ 和 $b(x)$ 独立，因此仿真中无须获得 $a(x)$ 和 $b(x)$ 的具体信息。

对于任意给定连续有界的参考信号 $r(t) = \sin(t) + 2\sin(0.5t)$，采用与文献[90]相同的三阶滤波器生成期望轨迹 x_d 及其各阶导数 $\dot{x}_d$ 和 $\ddot{x}_d$：

$$\begin{cases} \dot{x}_{1r} = x_{2r} \\ \dot{x}_{2r} = x_{3r} \\ \dot{x}_{3r} = a_1\left(r(t) - x_{1r}\right) - a_2 x_{2r} - a_3 x_{3r} \end{cases} \tag{3-87}$$

式中，$[x_d, \dot{x}_d] = [x_{1r}, x_{2r}]$ 为期望状态轨迹向量，$\ddot{x}_d = x_{3r}$ 在控制器中可用，仿真中用到的前置过滤器参数设置为 $a_1 = a_2 = 27$，$a_3 = 9$。

系统的初始状态值为 $[x_1(0), x_2(0)] = [0.5, 0.2]$。令 $\lambda = 1$，根据式 (3-10) 易求出 $P = [1,1]$，并且 $\vartheta_1 = \lambda^{-1} = 1$，$\vartheta_2 = 2\lambda^{-1} = 2$。给定关于 $s(t)$ 的期望跟踪精度 $\beta_0 = 0.03$，因此有 $e_1(t)$ 的精度为 $\beta_x = \vartheta_1 \beta_0 = 0.03$，$e_2(t)$ 的精度为 $\vartheta_2 \beta_0 = 0.06$。由系统状态及期望轨迹的初始值可以得到 $b_{1,0} = 0.5$，$b_{2,0} = 0.2$，$b_{1r} = 3$，$b_{2r} = 3$，选取 $\beta_1 = 7$ 使得 $\beta_1 > \max\left[\beta_0, \sum_{k=1}^2 p_k(b_{k,0} + b_{kr})\right]$ 成立。其余参数包括 $K_c = c_l^{-1} = 1.3$，$K_p = 5$，$\eta = 0.1$，$\chi_b = 3$，$\sigma_b = 3$，$\sigma = 0.4$，$\gamma = 0.03$，$\rho = 50$。值得一提的是，上述参数取值只会改变收敛速度，不会对系统的稳定性产生影响。

为确保与固定网络结构控制方法进行有效对比，在仿真中将 FNSG 策略关闭，控制率与控制参数均保持不变。将 $M(t)$ 在系统运行期间设置成一固定常数，$M(t) = 9$。根据式 (3-53) 可知控制系统中包含 36 个神经元。系统的仿真时间设定为 80s，采样周期 T_s 为 20ms。

图 3-8 给出了在无外界扰动的情况下，系统状态跟踪误差 $e_1(t) = x_1(t) - x_{1r}(t)$ 和 $e_2(t) = x_2(t) - x_{2r}(t)$ 的变化情况。为观察误差与给定精度的关系，图 3-9 标注了期望精度带的位置。可以清楚地看到随着系统的运行，状态误差 $e_1(t)$ 和 $e_2(t)$ 能够快速收敛到精度带内，即 $0 < \psi_j(t) < \gamma < 1$，$|e_2(t)| \le \theta_2 \beta_0$。该结果验证了基于 FNSG 策略的神经控制器符合定理 3-2 给出的特性 (2)。

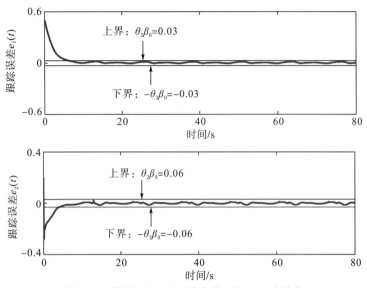

图 3-8　系统状态跟踪误差收敛至期望跟踪精度

图 3-9 描绘了滤波误差 $s(t)$ 在三种不同控制器作用下的演变结果，包括 FNSG 控制器、自组织控制器以及固定网络结构控制器。为便于对比观察，特将 $t \in [0,80]$ 划分为两个时间区间：$t \in [0,1]$ 和 $t \in [1,80]$。图 3-9 表明，三种控制方法都能够使系统收敛。由于所选控制参数相同，影响收敛速度的关键因素取决于控制算法本身。相比其他两种控制方法，FNSG 控制使系统具有较快的收敛速度，$s(t)$ 在经历 12.94s 后稳定在期望精度带 β_0 内，即 $t \geqslant 12.94$s 时，恒有 $|s(t)| \leqslant \beta_0$ 成立。然而，自组织控制与固定网络结构控制则分别需要 39.29s 和 23.47s 才使 $s(t)$ 进入并停留在所给定的精度带内。值得注意的是，这里自组织控制用了比固定网络结构控制更长的时间使系统达到预期指标，推测其中一个可能原因是自组织控制算法消耗了过多运算资源，导致总体控制能力下降，后续仿真将对该现象进行验证和阐述。

图 3-10 给出了控制信号 u 及其两个分量 u_{nn} 和 u_c 在系统运行期间的变化情况。其中 $M(0)=1$，$M(0.1)=2$，$M(12.94)=3$ 三条垂直竖线标识三个 RBF 子网络相继生成的时刻。与定理 3-2 给出的特性(4)一致，控制信号仅在新的子网络产生的时刻不具有光滑性。从图 3-10(a)、图 3-10(b)中可以明显观察到这一特点，即在 $t=0.1$s 和 $t=12.94$s，控制信号连续但不平滑。并且，除去 $t=0$，$t=0.1$，$t=12.94$ 三个时刻，控制信号在时间轴的各点均为连续且光滑的。

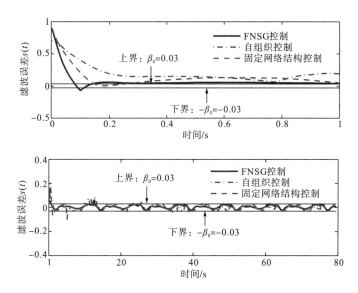

图 3-9　在 FNSG 控制、自组织控制、固定网络结构控制下，滤波误差 $s(t)$ 的演变情况

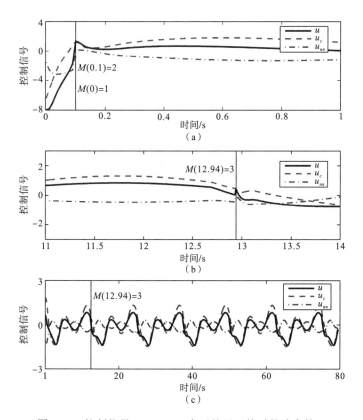

图 3-10　控制信号 u，u_c，u_{nn} 在无外界干扰时的演变情况

图 3-11 和图 3-12 分别展现了在 FNSG 控制和自组织控制作用下 80s 内的系统状态相位图。在图 3-11 中，"＋"表示某一子网络神经元处于最强激活态时对应的系统状态，在以"＋"为圆心的虚线圆区域内的系统状态可使相应的子网络神经元呈现激活状态。图 3-12 中以"＋"为圆心的圆周改为实线描绘，这是因为基于自组织的控制方法要求所有子网络的状态输入必须在某一个有界闭区间内（或称为紧集支撑域）。换言之，不在实线圆区域内的系统状态，均不满足紧集先

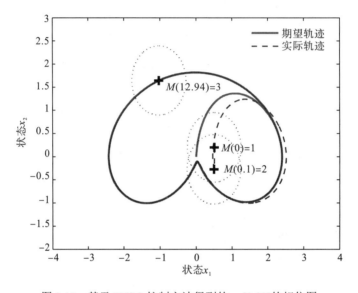

图 3-11　基于 FNSG 控制方法得到的 $t \in [0,80]$ 的相位图

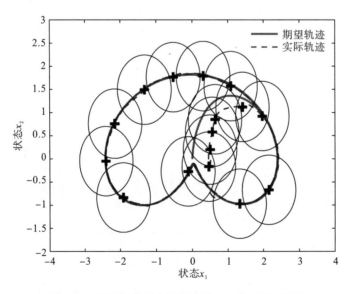

图 3-12　自组织控制方法得到的 $t \in [0,80]$ 的相位图

决条件，对于这些状态，系统将停止使用神经网络进行逼近。相反，基于 FNSG 策略的控制能够确保紧集先决条件始终成立，因此即便系统当前状态没有落在虚线圆内部，神经网络依旧可以发挥有效的函数逼近能力。从图 3-11 中可以看出，在满足 3.3.4 节给定的条件 1 之后(第一个子网络在系统初始化时刻就存在)，系统在 $t = 0.1$ 和 $t = 12.94$ 的两个时刻先后生成了两个新的子网络，而在 $t > 12.94\text{s}$ 之后，子网络数量达到上限且不再继续增长。根据式 (3-53)，可知系统仅需 $M(12.94) \times (3 + 1) = 12$ 个神经元即可完成指定的轨迹跟踪任务。然而，图 3-12 显示，自组织控制产生了 16 个用"＋"标识的紧集支撑域，并为系统引入了 64 个神经元。正如前面给出的理论预期结果，在达成同一控制目标的前提下，基于 FNSG 策略的控制所需的神经元数量远远小于传统的自组织控制方法。

表 3-1 总结了三种控制方法(FNSG 控制、自组织控制、固定网络结构控制)在仿真中能够反映系统性能的四项数据，包括神经元总数、SAFE、抵达稳态时间以及算法执行时间。从表 3-1 可以看出：基于 FNSG 策略的控制器产生的神经元总数相比其他两种控制方法大幅减少；系统运行期间，FNSG 控制下的 SAFE(即 $\sum_{k=0}^{80/T_s} |s(k)|$)同样小于另外两种方法；在抵达稳态时间方面，FNSG 控制使得系统具有相对较快的收敛速度。通过 MATLAB 中的 tic 与 toc 指令，统计出上述三种控制算法的执行时间。统计结果表明，FNSG 控制所消耗的运算时间几乎是固定网络结构控制的 1/2，是自组织控制的 1/3。这也进一步证实了本章所提控制方法的高效性，不仅具有网络自调节的能力，还能够节省系统的运算资源。传统型自组织控制方法为实现网络的自动调节通常以牺牲运算资源为代价。由于自组织策略给系统引入了较多的冗余神经元，造成了额外的运算开销，降低了算法效率，导致系统抵达稳态时间甚至比固定网络结构控制还要长，而更糟糕的情况是削弱了整体的误差控制能力。由此可见，上面关于图 3-9 仿真结果的推测分析具有合理性。

表 3-1　无外界干扰时，三类控制器的性能统计数据对比

	FNSG 控制	自组织控制	固定网络结构控制
神经元总数/个	$4 \rightarrow 12$	$4 \rightarrow 64$	36
SAFE	96.2489	178.4031	118.1281
抵达稳态时间/s	12.98	39.29	23.47
算法执行时间/ms	34.2641	108.4297	71.3606

3.5.2　系统有扰动情形

为考察本章所提方法在应对不确定扰动时的自学习与自适应能力，在系统运行的 20～30s 引入正弦噪声信号 $\delta(t)$，且有

$$\delta(t) = \begin{cases} \sin(\pi t), & 20 \leqslant t \leqslant 30 \\ 0, & \text{其他} \end{cases} \tag{3-88}$$

根据式(3-86)可知，未知非线性系统模型可以写为

$$f(x,u) = \delta(t) + \begin{cases} u + 0.5\sin(u), & x_1 + x_2 < 0 \\ \sin(x_1 + x_2) + u + 0.5\sin(u), & \text{其他} \end{cases}$$

由于 $\delta(t)$ 与控制信号 u 独立，因此 $f(x,u)$ 依然满足假设 3-1。

图 3-13 描绘了当外界干扰信号存在时，三种控制器对滤波误差 $s(t)$ 的影响。FNSG 控制在扰动发生后，能够将误差快速稳定在精度带中，而另外两种控制方法则不能较好地应对噪声信号，在给定的仿真时间内 $s(t)$ 已无法一直停留在精度带内。

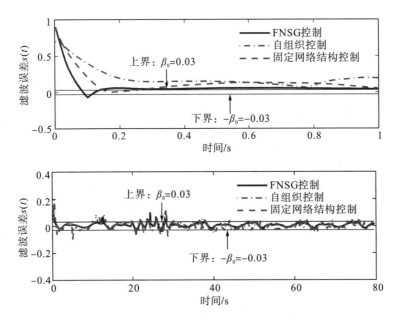

图 3-13　存在外界干扰时由三种方法生成的滤波误差

为验证所提控制方法具有相对好的平滑性，将 FNSG 控制方法所产生的控制信号与自组织控制和固定网络结构控制进行对比。从图 3-14 可明显看出，自组织控制信号会在仿真期间出现无穷多次不可预测毛刺，而本章给出的控制方法仅在有限且可预知的时间点出现微小抖动，在其余时间能够保持连续且光滑。此外，由于固定网络结构的控制器采用了与 3.3.3 节完全一致的控制方案及控制参数，唯一不同的是神经元个数设置为固定的 36 个，与 FNSG 控制最终自动生成的数量相同，因此这两种控制方法的该项对比结果几乎一致。

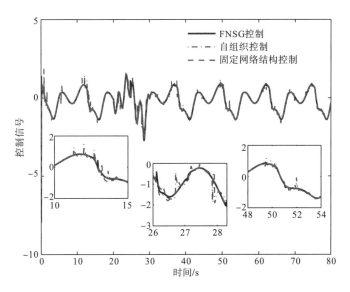

图 3-14　存在外界干扰时由三种方法生成的控制信号对比图

图 3-15 给出了控制信号在外界干扰存在时的输出结果。由于在 20～30s 引入了噪声信号 $\delta(t)$，为保持原有的控制精度，系统所包含的子网络数从无干扰时的 3 个自动增长至最终的 9 个(即包含 36 个神经元)。如图 3-15(b)所示，在 21.23s、23.97s、24.38s、26.11s、27.06s，相继有新的子网络生成。由图 3-15(b)可见，在 28.27s，系统中所包含的 RBF 子网络达到最大值 9 个，并且在随后的运行期间无新的子网络生成。由此可知，在 9 个子网络的作用下，FNSG 控制器已经能够应对该类扰动。除去新子网络生成的时刻，控制信号处处连续且光滑。因此，该仿真结果符合定理 3-2 的特性(4)。

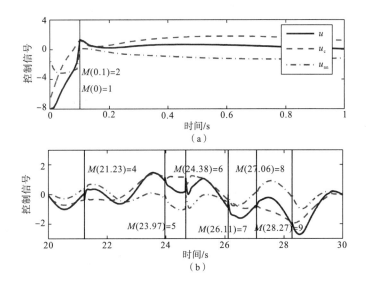

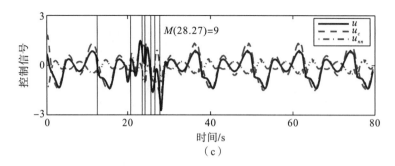

图 3-15 控制信号 u，u_c，u_{nn} 在有外界干扰存在时的演变情况

图 3-16 从相位图的角度描述了当干扰信号出现后，系统中的子网络数目开始自动增长并在 28.27s 达到稳定的过程。通过绘制相位图，还可以清楚地观察到每一次新增子网络时，系统状态 x_1 和 x_2 的具体情况。与图 3-15 的结果一致，FNSG 控制策略能够在必要时为系统添加合适数量的神经元，以便更好地学习和适应未知环境，不会造成多余神经元的产生，从而节省运算资源。

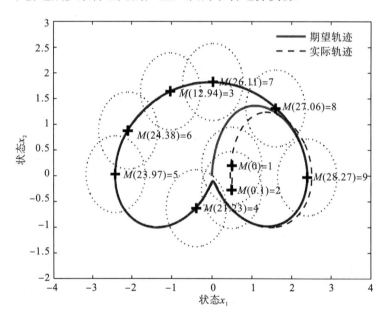

图 3-16 存在外界干扰时，基于 FNSG 控制方法得到的 $t\in[0,80]$ 的相位图

表 3-2 给出了当外界干扰存在时三种控制器的性能数据。不难发现，表中数据可以反映如下事实：①相比其他两种控制方法，本章所提的 FNSG 控制方法具有较小的 SAFE 和较快的收敛速度；②无论是采用哪种控制方法，算法执行时间均与神经元总数成正比，因此在完成某项具体控制任务时，神经元数越少越能避免运算负担；③在固定网络结构控制中，由于神经元总数是人工选定并且无法自

动改变的，所以这类控制并不能有效应对外界干扰；④固定网络结构控制的 SAFE 与神经元总数成正比，说明足够多的神经元未必能够达到足够高的控制精度，甚至会起到负面作用(图 3-17)。可以看出，当神经元个数设定为 8 时，固定网络结构控制的 SAFE 能够达到最小值 107.1084。然而，FNSG 控制的 SAFE 仅为 103.9340，比该最小值还要小一些，进一步验证了 FNSG 控制器具有更强的自学习和自适应能力。本节相关代码参见附录。

表 3-2　存在外界干扰时，三类控制器的性能统计数据对比

	FNSG 控制	自组织控制	固定网络结构控制		
神经元总数/个	$4 \rightarrow 36$	$4 \rightarrow 72$	4	36	72
SAFE: $\sum_{k=0}^{80/T_s} \|s(k)\|$	103.9340	183.4859	113.6640	128.7420	166.1300
抵达稳态时间/s	28.67	64.43	28.93	37.79	38.15
算法执行时间/ms	67.6526	124.9122	25.6278	71.5823	178.3080

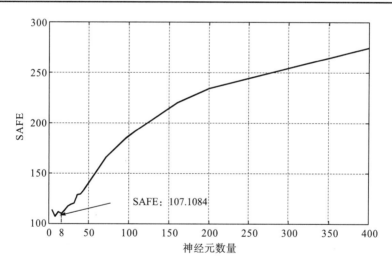

图 3-17　固定神经元数量与 SAFE 的关系

3.6　本章小结

本章以一类未知非仿射系统为研究模型，提出了具有结构自调节能力的神经自适应控制器设计方法，系统性地解决了与神经网络紧集条件和构造自调节网络结构相关的两大问题。核心思想是结合局部权值学习框架与基于受限李雅普诺夫函数，首先确保神经网络输入的有界性，使紧集先决条件在系统运行期间始终成

立，然后通过设计 FNSG 策略引导系统自动完成添加新神经元的过程，构建具有更强学习与推理能力的自调节型网络。本章方法的有效性在稳定性、控制器连续光滑性、算法执行效率等方面得到了严格证明。通过与固定网络结构控制和自组织控制方法的对比，本章控制方案的优势在于更高的控制精度、更短的算法执行时间、更快的收敛速度以及更少的运算资源。数值仿真与性能数据统计进一步表明所设计的控制器不仅结构灵活，而且有助于提升系统的整体控制性能。

习 题 3

1. 已知 $x_k(0) \le b_{k,0}$，$1 \le k \le n$，请构造合适的受限李雅普诺夫函数，使在任意时刻，系统状态 $x_{kr}(t)$ 保持在区间 $[-b_{kr}^l, b_{kr}^u]$ 内。

2. 对于式 (3-14) 的受限李雅普诺夫函数 $V_b(s)$，其中 s 为滤波误差，β_1 为控制目标中给定的正常数。若 $\forall t \ge 0$，有 $|s(t)| < \beta_1$ 成立，则 $0 \le V_b(s) < \infty$。反之，如果已知 $0 \le V_b(s) < \infty$，能否保证 $|s(t)| < \beta_1$ 成立？

3. 不同于其他文献采用四次幂权重函数，本章利用高斯权重函数构建网络有哪些优势？

4. 根据图 3-3 所示的 RBF 子网络增减流程图，请设计相应的程序来验证方法的有效性。

第4章　基于多内涵自调节神经网络
的仿生智能控制

本章以高阶非仿射不确定系统为研究对象，首先分析与万能逼近定理(UAT)条件相关的神经网络应用局限性问题；然后结合 NN 三项内涵要素(即神经元数目、基函数、突触连接权)，对传统 NN 渐近器的数学模型进行优化，构建一种更加贴近脑工作机理的多内涵自调节神经网络(MSAE-NN)。在第 2 章和第 3 章研究的基础上，设计基于 MSAE-NN 的智能控制策略，集中解决了根据 UAT 设计的 NN 控制器存在的普遍且易被忽略的问题。本章所提控制方法不仅可使 MSAE-NN 在系统运行期间始终有效进而充分发挥其万能近似/学习能力，还能够确保智能控制器本身的安全可靠性。此外，通过设计神经元增减平滑函数，控制信号可以在神经元增减时刻保持连续输出，有效解决了跳变问题。在模型不确定性和未知跳变的外部扰动存在时，基于受限李雅普诺夫函数的稳定性分析和仿真研究结果共同验证所提控制方法的有效性。

4.1　引　　言

NN 对任意非线性函数具有学习能力的特征在 20 世纪 90 年代已得到完整的证明[136-139]。相比经典控制和现代控制理论，NN 控制方法在理论上无须复杂的数学分析过程以及任何先验知识[140]，广泛用于不确定性非线性动态系统的控制[43, 141-143]。与自适应控制技术结合，随后发展了自适应 NN 控制理论[9, 144, 145]以及基于李雅普诺夫方法的非线性系统稳定性分析方法[146, 147]。众所周知，NN 万能逼近特性建立在 UAT 给定的一些前提条件基础上。对于任意未知函数 $g(z)$，可由式(4-1)进行重构

$$g(z) = w^{*T}\Phi(v_d^T z) + \varepsilon(z) \tag{4-1}$$

式中，NN 训练输入 $z \in \mathrm{R}^q$，基函数 $\Phi(v_d^T z) = [\phi_1, \phi_2, \cdots, \phi_p]^T \in \mathrm{R}^p$，输入层到隐含层的理想权 $v_d \in \mathrm{R}^{q \times p}$($q$ 为输入层神经元数)，隐含层到输出层的理想权 $w^* \in \mathrm{R}^p$(p 为隐含层神经元数)，重构逼近误差 $\varepsilon(z) \in \mathrm{R}$。

根据 UAT，式(4-1)的成立至少需要满足几个条件：① $g(z)$ 在定义域上连续；②NN 的训练输入 z 必须处于某一确定紧集 Ω_z 内，即 $z \in \Omega_z$，$\Omega_z \subset \mathrm{R}^q$；③NN 包

含足够多的隐含层神经元节点，即足够大的 p 可使重构误差 $\varepsilon(z)$ 足够小。因此，NN 万能渐近在一定程度上存在失效的风险。事实上，这些前提条件暗含了与 NN 渐近器的功能性和可靠性相关的问题，而在绝大多数 NN 控制器的设计方法中却被或多或少、有意无意地回避。例如，在式(4-1)中，如何处理 $g(z)$ 在定义域上不连续的情况？是否应当采用时变而非固定的隐含层理想权？从模拟生物神经系统(bionic neural system，BNS)运作的角度出发，是否具有时变理想权的 NN 更能贴近生物客观事实，更能有效地对复杂系统进行学习？为最大化发挥 NN 万能逼近能力，如何确保 NN 训练输入 z 在系统运行期间始终处于紧集中？如何将神经元数 p 视为足够大？如何自动更新 p 的取值？这些问题不仅富有挑战性，而且会直接影响 NN 控制方法的有效性，因此值得进一步关注和讨论。

本章致力于集中解决在 UAT 框架下与 NN 有效性相关的上述问题。下面，将从五个方面总结本章的主要创新点与贡献。

(1)关于理想权值。以模拟 BNS 为设计动机，本章提出了一种具有时变理想权值的网络模型。通过处理未知权值范数的上界而非权值本身，巧妙地解决了因理想权值关于时间的导数不为零而导致的传统 NN 控制得到的自适应律无法保证系统稳定性的问题。

(2)关于神经元数量。由于 UAT 并未对"足够多"做出明确界定，现存 NN 控制器隐含层的神经元数量对整体控制性能影响较大。若神经元数量较少，则 NN 无法起到渐近作用；若神经元数量过多则会导致学习时间过长，大量运算资源消耗，并且降低 NN 的泛化能力。本章构建了一种神经元数量可根据系统跟踪误差自动增减的改进型 NN 控制器，确保 NN 能够在合适数量的神经元作用下发挥期望的渐近作用。此外，通过引入平滑函数，有效避免了控制信号在神经元增减时刻的抖动现象，从而产生一致连续的控制信号。

(3)关于基函数结构。由于 BNS 是通过大量相互连接且功能形态不同的神经元处理外界输入信号的[148]，本章拟采用结构不同的基函数取代结构单一的基函数(如高斯函数、双曲正切函数、升余弦函数等)组建 NN，使其达到对复杂动态系统的学习要求。同时，基于李雅普诺夫函数证明了具备这种多元化结构基函数的 NN 控制器的稳定性。

(4)关于紧集先决条件。为使用 NN 渐近器，所有 NN 训练输入必须处于某一确定紧集内。在控制器设计时，直接假设该条件成立可能导致 NN 功能失效，影响系统稳定性甚至引发系统灾难性故障。本章利用受限李雅普诺夫函数特性对滤波误差进行约束，进而使 NN 的输入状态始终被限制在某一紧集内，确保 MSAE-NN 在整个系统运行期间有效。

(5)关于函数连续性。在使用 NN 对未知函数进行重构近似时，要求待逼近的函数连续，然而由于在系统实际运行期间存在突发的意外扰动和子系统故障，系统模型往往是跳变且非一致连续的。本章提出使用 NN 逼近该非连续函数范数的上界而非函数自身，使得非连续性得到妥善处理，从而避免了 NN 失效问题。同时，由于无须将不连续函数进行分段处理和额外判断，所设计的控制器具有结构简单的优势，在很大程度上简化了运算过程，易于实现。

4.2 UAT 的应用限制及对策

本节将从网络理想权值、神经元数量、基函数结构和紧集先决条件四个角度出发，对 UAT 在应用中存在的问题分别给出可行解决方法。

4.2.1 未知时变理想权值

人工神经元连接权值实质上是生物神经元突触连接强度的模拟，在 NN 渐近器中扮演重要角色。传统的理想权值通常被简单视为未知常数值，并有如下定义

$$w^* = \arg\min_{\hat{w} \in \mathbb{R}^q} \left\{ \sup_{z \in \Omega} \left| g(z) - \hat{w}^{\mathrm{T}} \Phi(v_d^{\mathrm{T}} z) \right| \right\} \tag{4-2}$$

式中，$\hat{w}$ 为理想权值的估计。

式 (4-2) 中最优理想权值 w^* 在整个系统运行期间不随时间发生改变。而事实上，生物神经元突触的形态和功能每时每刻都在发生变化，其突触连接强度也会实时呈现加强或减弱，因此构建时变的理想突触连接权更符合生物特征。

根据式 (4-1)，具有时变理想权的 NN 表示为

$$g(z,t) = w^{*\mathrm{T}}(t) \Phi(v_d^{\mathrm{T}} z) + \varepsilon(z) \tag{4-3}$$

其中，未知时变理想权值

$$w^*(t) = \arg\min_{\hat{w}(t) \in \mathbb{R}^q} \left\{ \sup_{z \in \Omega} \left| g(z,t) - \hat{w}^{\mathrm{T}}(t) \Phi(v_d^{\mathrm{T}} z) \right| \right\} \tag{4-4}$$

对于时不变函数 $g(z)$，使用式 (4-1) 中的固定理想权值 w^* 进行重构是合理的。而对于包含有不确定扰动或噪声时变函数 $d(t)$ 的 $g(z)$，需要将其视为时变函数 $g(z,t)$。由于时变权值具有时不变权值的自然属性，UAT 证明过程仍然成立，故可以使用式 (4-3) 进行函数近似。

备注 4-1：理论上，虽然可以使用固定理想权值 w^* 学习时变函数 $g(z,t)$，如令

$$g(z,t) = w^{*\mathrm{T}} \Phi(v_d^{\mathrm{T}} z) + \varepsilon(z,t) \tag{4-5}$$

式中，重构误差 $\varepsilon(z)$ 变为 $\varepsilon(z,t)$，但这意味着在函数学习过程中，NN 的固有逼近精度将随待逼近函数 $g(z,t)$ 而变化。显然，这种 NN 形式既没有参考 BNS 设计，也不能以任意精度逼近函数，在应用中存在较大局限性。相反，时变理想权值能够学习 $g(z,t)$ 随时间变化的部分，避免了 NN 固有逼近精度受到时间的影响。在

遵守 UAT 的前提下，可实现任意精度的函数近似。不难推测，具有时变理想权值的 NN 能够更加灵活有效地逼近函数，相比理想权值固定的传统 NN 模型，可以发挥更强的学习与推理能力。

在 NN 控制方法中，引入时变理想权值将面临两方面的困难。①由于在现有 NN 控制方法中，理想权值关于时间的导数项为 0，即 $dw^*/dt = 0$。而对于未知时变理想权值， $dw^*(t)/dt \neq 0$，故无法使用现有的权值估计自适应律 $d\hat{w}/dt$ 对其他可计算项进行抵消。②基于固定理想权的 NN 控制器不能继续保证系统的稳定性，控制策略面临失效问题。因此，本章引入虚拟参数 $w_\varepsilon \geq 0$，根据 $\|w^*(t)\| \leq w_\varepsilon < \infty$ 设计 w_ε 的自适应估计律 $\dot{w}_\varepsilon$，结合鲁棒自适应控制方法来处理时变理想权值。详见 4.4.2 节的 MSAE-NN 控制方案。

4.2.2　神经元数量在线自调节方案

虽然 UAT 证明了含有足够多神经元的 NN 能够按照任意精度逼近函数，但对于"足够多"并未做出定量界定。因此，诸多 NN 控制器在设计过程中默认这一前提成立，并在仿真实验中，将人工给定常值视为 NN 所需的"足够多"的神经元数量。显然，这种人工选参方式不仅缺少依据，而且不可避免地带来两方面隐患：神经元数量设置过大，可能造成函数过拟合现象，使得 NN 泛化能力下降，同时增加运算负担；神经元数量设置过少，将导致 NN 的学习和逼近功能失效，甚至影响系统的稳定。由于 NN 所展现的函数学习与近似能力与其所包含的神经元数量紧密相关，研究"如何设置神经元数量""多少神经元可实现充分逼近"等问题具有重要意义。

为实现神经元数量的在线自动调节，文献[149]和文献[150]中利用重构误差优化 NN 结构，但由于重构误差无法计算，在实际应用中并不可行。文献[151]和文献[152]给出基于梯度下降的参数学习算法但尚未考虑系统稳定性，而文献[153]通过李雅普诺夫稳定性分析方法所得控制算法又过于复杂，不便于工程实现。文献[123]提出结构可自学习的自适应模糊神经控制方法，通过在线生成或消除模糊规则来实时优化 NN 结构，然而新增或删除这些规则的阈值需要反复试错才可确定，不仅增加了人工选参的工作量，还导致了控制信号的不连续。在第 3 章和文献[154]中，提出了伴有局部权值学习及 FNSG 策略的神经自适应控制。FNSG 策略用于引导系统在运行中按需自动添加神经元，从而使自调节 NN 具有更好的学习能力。

在神经元数量有限自增长的策略基础上，本章提出神经元可逐个自动调节(含神经元的新增与剔除)的一般算法，如图 4-1 所示。

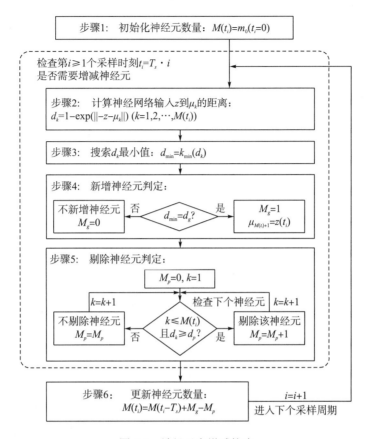

图 4-1   神经元自增减策略

步骤 1：在 $t = t_0 = 0$ 时刻，初始化系统中所含神经元个数为 $M(t_i) = m_0$ $(t_i = 0)$。为防止神经元过少所导致的 NN 渐近功能失效，m_0 可取为 NN 输入向量 z 的维度，即 $m_0 = \dim(z)$。

步骤 2：在第 $i \geq 1$ 个采样时刻 $t = t_i = T_s \cdot i$，逐一计算 NN 输入向量 z 到每个神经元基函数 ϕ_k 中心 μ_k 的距离：

$$d_k = 1 - \exp\left(-\|z - \mu_k\|\right), \quad k = 1, 2, \cdots, M(t_i) \tag{4-6}$$

步骤 3：搜索 d_k 的最小值

$$d_{\min} = \min_{1 \leq k \leq M(t_i)} (d_k) \tag{4-7}$$

步骤 4：新增神经元判定流程。

(1) 计算 $t = t_i$ 时刻神经元自动增长阈值：

$$d_g = \rho \exp\left(-\chi \left|s(t_i)\right| M^{-1}(t_i)\right) \tag{4-8}$$

式中，$M(t_i)$ 为网络所含神经元总数，$s(t_i)$ 为滤波误差(具体定义见 4.4 节)，ρ 和 χ 为设计常数且满足 $0 < \rho < 0.5$，$\chi > 0$。

(2)记 t_i 时刻待增加的神经元数量为 M_g。

当 $d_{\min} \geq d_g$ 时，说明距离 NN 输入 $z(t_i)$ 最近的一个神经元基函数对该输入失去最佳响应，此时需要引入新的神经元，使其相应的基函数中心与 NN 输入距离为 0，因此有 $\mu_{M(t_i)+1} = z(t_i)$，$M_g = 1$。令新增元的时刻 $T^g = t_i$。

当 $d_{\min} < d_g$ 时，说明至少有一个神经元可以处理当前输入，因此无须新增神经元，即 $M_g = 0$。

步骤 5：剔除神经元判定流程。

(1)计算 $t = t_i$ 时刻元自动剔除阈值：

$$d_p = 1 - d_g = 1 - \rho \exp\left(-\chi \left|s(t_i)\right| M^{-1}(t_i)\right) \tag{4-9}$$

该阈值用于判定某一神经元是否已对 NN 输入 z 失活。

(2)记 t_i 时刻待剔除的神经元数为 M_p，并初始化为 $M_p = 0$。依次检查现有神经元（即 $1 \leq k \leq M(t_i)$）对于当前输入 z 的活跃程度，对于已失活的神经元（$d_k \geq d_p$）进行剔除操作，从而有 $M_p = M_p + 1$，令删除元的时刻 $T_i^p = t_i$。反之则不剔除该神经元，M_p 保持不变。

步骤 6：由式(4-10)更新神经元总数，进入下个采样周期（令 $i = i+1$），重复步骤 2。

$$M(t_i) = M(t_i - T_s) + M_g - M_p \tag{4-10}$$

备注 4-2：假设所有神经元全部失活，则任取 $k \in [1, M(t_i)]$，都有 $d_k \geq d_p$ 成立。又因为 $d_p \geq d_g$ 恒成立，所以一定有 $d_{\min} \geq d_g$，即必然满足新增神经元的条件。按照上述步骤，首先会在步骤 4 生成 1 个新的神经元，然后在步骤 5 将失活的神经元全部剔除。因此，新生成的神经元不会在同一采样周期被剔除。

备注 4-3：神经元自动增加和剔除的阈值在改变神经元数量中发挥着重要作用，二者数值互补且满足 $0 < d_g < 0.5$ 和 $0.5 < d_p < 1$。由式(4-8)与式(4-9)可知，较小的神经元个数 $M(t_i)$ 或较大的滤波误差 $s(t_i)$ 带来较小的神经元增加阈值 d_g 或较大的神经元减少阈值 d_p，从内在机理上降低了新增元的难度，提高了剔除神经元的门槛。换言之，基于跟踪误差的阈值调节与控制系统的表现紧密挂钩，受其控制的增减元算法解决了神经元数量过多或过少的问题。此外，相比基于未知 NN 重构误差的增减元方法[149]，本节所提出的策略建立在完全可求的误差和神经元数量基础上，具有实际可操作性。

4.2.3　基函数结构多元化

当今神经科学表明，在大脑皮质上分布着约 120 亿个神经细胞，其周围还附着有上千亿个胶质细胞。这些神经元通过极其错综复杂的连接，完成对外界各种信息的接收、传递、处理和响应。在神经系统中枢部位，神经元胞体聚集形成神经核。若干功能相同的脑神经核在脑干内有规律地排列成纵行的脑神经核机能柱[155]。机能柱的存在使得少量的神经细胞功能异常后，不会引起明显的功能障碍，因为有一批同类细胞能够继续完成原有功能。

受到这一脑结构启发，本节提出一种具有不同基函数结构的改进型 NN。具体而言，是将神经元按照基函数结构的不同划分为 L 组，每组中的神经元所构成的子网络具有相同结构的基函数。因此，式(4-3)可改写为

$$g(z,t) = \sum_{i=1}^{L} \left[w_i^{*T}(t) \Phi_i(v_d^T z) + \varepsilon_i(z) \right] = \sum_{i=1}^{L} \sum_{j=1}^{M_i(t)} \left[\phi_{i,j} w_{i,j}^*(t) + \varepsilon_i(z) \right] \tag{4-11}$$

式中，第 i 个子网络的理想时变权值表示为 $w_i^*(t) = [w_{i,1}, w_{i,2}, \cdots, w_{i,M_i(t)}]^T$，基函数表示为 $\Phi_i = [\phi_{i,1}, \phi_{i,2}, \cdots, \phi_{i,M_i(t)}]^T$，重构误差为 $\varepsilon_i(z)$。结合神经元数量自增减方案可知，每个子网络中的神经元数量 $M_i(t)$ 和基函数的中心值均可随时间自动调节。

备注 4-4： 诸如式(4-1)的传统 NN 模型并不能够准确描述其包含多种结构的基函数。而在绝大多数基于传统 NN 的控制器仿真中，通常做法是选取(如高斯函数、升余弦函数、双曲正切函数)某一种函数作为网络中所有神经元的基函数[129, 156-158]。显然，这种不含神经元分组的设计并不符合脑内神经元的组成方式。本质上，每个子网络是神经核机能柱的抽象，具有其独特的信号处理机制，每个神经元也会表现出一定的特殊性。由此不难得知，结构单调的基函数也许很难满足 NN 对于复杂多变动态系统的应用需求。相反，式(4-11)直观地反映出神经元多元化后的 NN 形态，其不仅更加贴近脑科学中的观察事实，而且能够被自然地纳入稳定性分析过程，从理论上确保了可行性。可以推测，这种改进型 NN 的自学习和自适应能力将得到进一步提升。

4.2.4　紧集先决条件

在 UAT 中给出了 NN 作为万能渐近器的条件，即在整个学习过程中，NN 的输入必须处于某一确定紧集内。这一严苛条件对于 NN 能否有效发挥万能近似起到决定性作用。换言之，若在 NN 控制器的设计过程中直接忽视该条件的存在，或假设其成立，NN 不仅会面临失效，而且会使系统在运行时存在安全隐患。

由此引发了一个关于 NN 可靠性的争议：在控制闭环中，是应当在系统运行之初就启用 NN 渐近器，还是需要在确保紧集先决条件成立之后再启用？多数 NN 控制方法选择了前者，在控制器设计时隐式地认为紧集条件对所有时刻均成立，并将 NN 控制单元始终置于控制闭环内。只有少数人指出，在线的 NN 若无法如期发挥功能会对系统稳定性造成危害，故选择了后者，在使用 NN 前首先考虑了紧集先决条件[129]。其中，Sanner 与 Slotine 提出将状态空间划分为两个区域，NN

在其中一个区域满足安全运行条件，若系统状态不在该区域，则停止使用 NN 渐近器[105]。类似地，Farrell 和 Zhao 利用局部权值学习框架，根据系统状态的取值自动生成合适的紧集区域[30]。通过采用监督控制器使跟踪误差在有限时间内快速收敛至一给定区域内，然后切换到 NN 控制单元，并且对于不在紧集区域内的状态，将 NN 渐近器的输出复位为 0。然而，这种频繁发生的复位操作使得控制信号在系统运行期间出现无穷多次不可预知的抖动，破坏了信号自身的平滑性。Song 对此提出了一种平滑的"故障-安全"方法[154]。

与第 3 章方法类似，本章充分利用受限李雅普诺夫函数的特性，确保改进型 NN 的输入状态在任意 $t \geq 0$ 时停留在某一紧集内。根据式(3-13)可知，当 $|s| < \beta_1$ 时，$V_b(s)$ 始终正定有界，反之亦然。换言之，若控制策略可使 $V_b(s)$ 有界，则 $|s| < \beta_1$ 自然成立。又因为，滤波误差 s 与 NN 输入 z 之间存在对应关系，所以可以通过确保 s 有界推导出 z 的紧集域，从而满足紧集条件(详见定理 3-1)。

备注 4-5：虽然确保紧集先决条件的方法并不新颖，在很多研究工作中已有全面阐述，但能够充分考虑并同时解决本章所提所有问题的可行方法尚不存在。后续章节将具体介绍利用 BLF 确保改进型 NN 紧集条件在整个系统运行期间成立的方法。

4.3　多内涵自调节神经网络

综合考虑 4.2 节的所有可行方案，本节提出一种多内涵自调节神经网络（MSAE-NN），其理想渐近器的具体表达形式为

$$
F_{\text{MSAE-NN}}^* = \sum_{i=1}^{L} \sum_{j=1}^{M_{i,c}(t)} \phi_{i,j}(\bar{z}) w_{i,j}^*(t) + \sum_{i=1}^{L} S_g(t, T_i^g) \phi_{i,\text{new}}(\bar{z}) w_{i,\text{new}}^*(t)
$$
$$
+ \sum_{i=1}^{L} \sum_{k=1}^{M_{i,p}(t)} S_p(t, T_{i,k}^p) \phi_{i,k}(\bar{z}) w_{i,k}^*(t)
\tag{4-12}
$$

式中，$\bar{z} = v_d^{\mathrm{T}} z$ 为 NN 输入信号 z 的加权形式；$\phi_{i,j}(\bar{z})$、$\phi_{i,\text{new}}(\bar{z})$、$\phi_{i,k}(\bar{z})$ 分别为第 i 个子网络的第 j 个神经元、新增神经元和将被剔除神经元的基函数；$w_{i,j}^*(t)$、$w_{i,\text{new}}^*(t)$ 和 $w_{i,k}^*(t)$ 是相应的时变理想权值。

为避免神经元在增减时刻控制信号的抖动，定义神经元平滑增长函数 $S_g(\cdot)$ 和平滑减少函数 $S_p(\cdot)$（图 4-2）：

$$
S_g(t, T_i^g) = \begin{cases} 1, & t - T_i^g \geq T_s \\ \dfrac{1}{2} + \dfrac{1}{2}\sin\left(-\dfrac{\pi}{2} + \dfrac{\pi(t - T_i^g)}{T_s}\right), & 0 < t - T_i^g < T_s \\ 0, & \text{其他} \end{cases}
\tag{4-13}
$$

$$S_p(t,T_{i,k}^p) = \begin{cases} 0, & t-T_{i,k}^p \geqslant T_s \\ \dfrac{1}{2} - \dfrac{1}{2}\sin\left(-\dfrac{\pi}{2} + \dfrac{\pi(t-T_{i,k}^p)}{T_s}\right), & 0 < t-T_{i,k}^p < T_s \\ 1, & \text{其他} \end{cases} \qquad (4\text{-}14)$$

式中，T_i^g 为第 i 个子网络新增神经元的时刻；$T_{i,k}^p$ 为第 i 个子网络的第 k 个神经元被剔除的时刻。

由于 $S_g(\cdot)$ 和 $S_p(\cdot)$ 在一个采样周期内完成从 0 到 1 的变化，而控制周期 T_c 远远小于采样周期 T_s，故可实现神经元的平滑增减过程。

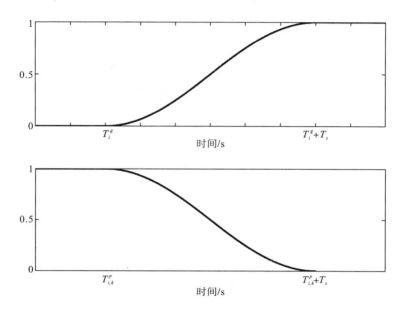

图 4-2　第 i 个神经元平滑增 S_R 删 S_P 函数

如图 4-3 所示，当前 t 时刻神经元个数 $M(t)$ 可由式(4-15)统计：

$$M(t) = \sum_{i=1}^{L} M_i(t) = \sum_{i=1}^{L}\left[M_{i,c}(t) - M_{i,p}(t) + M_{i,g}(t)\right] \qquad (4\text{-}15)$$

式中，$M_{i,c}(t)$、$M_{i,p}(t)$、$M_{i,g}(t)$ 分别为第 i 个子网络中未被剔除的神经元个数、已被剔除的神经元个数和新增的神经元个数。

根据 4.2.2 节的神经元自调节方案，在每一个采样周期内最多只能生成 1 个神经元，而可以剔除多个失效神经元，因此能够有效抑制冗余神经元的生成。

图 4-4 示意了 MSAE-NN 理想渐近器的基本结构。不难看出，MSAE-NN 包含 L 个子网络(Sub-net)，且不同子网络含有不同的基函数结构，每个子网络有 $M_i(t)$ 个神经元，其中 $i=1,2,\cdots,L$。针对下一采样时刻，第 i 个子网络的神经元分

成三类：将被剔除的(虚线表示)、保持不变的(实线表示)及新增的(点划线)。值得一提的是，当第 i 个子网络的第 k 个神经元将在下一采样时间被彻底剔除时，其基函数可表示为

$$\phi_{i,k}^{S_p}(\overline{z}) = S_p(t, T_{i,k}^p)\phi_{i,k}(\overline{z}) \tag{4-16}$$

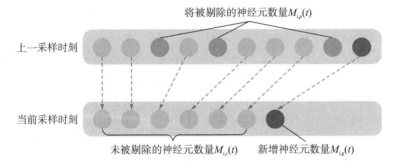

图 4-3　第 i 个子网络所含神经元数量增减示意

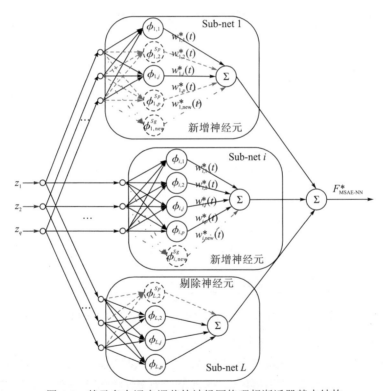

图 4-4　基于多内涵自调节的神经网络理想渐近器基本结构

类似地，当有新神经元将被引入第 i 个子网络时，该神经元的基函数表示为

$$\phi_{i,\text{new}}^{S_g}(\overline{z}) = S_g(t, T_i^g)\phi_{i,\text{new}}(\overline{z}) \tag{4-17}$$

对于在两段采样时刻内不会发生变化的神经元,其基函数不受平滑函数影响。因此,式(4-12)等价为

$$F_{\text{MSAE-NN}}^* = \sum_{i=1}^{L} \sum_{j=1}^{m_i(t)} \widehat{\phi}_{i,j}(\bar{z}) \cdot w_{i,j}^*(t) \tag{4-18}$$

式中, $m_i(t)$ 为在剔除失效神经元操作前 NN 所含的神经元个数,根据式(4-10)可知 $m_i(t) = M_i(t) + M_{i,p}(t)$; $\widehat{\phi}_{i,j}(\bar{z}) = S_g(t, T_i^g)\phi_{i,j}(\bar{z})S_p(t, T_{i,k}^p)$ 为第 i 个子网络的第 j 个神经元在新增或剔除时,能够使该神经元进行平滑增减变化的基函数。

式(4-12)能清晰区分 NN 中神经元的属性(如新增、剔除、不变),便于在程序设计中实现。为了使表达式紧凑,在下面的理论分析中将采取式(4-18)的形式。

与传统的 NN 渐近器相比,式(4-12)给出的 MSAE-NN 具有以下特点。

(1)理想权值时变使得 NN 能够更加灵活有效地逼近非线性函数,特别是针对具有时变扰动的系统,能够始终确保重构精度不随时间发生变化。

(2)通过神经元数量在线自调节方案,NN 所含神经元个数可以根据系统性能实时增加或减少。由式(4-15)可知,神经元总数 $M(t)$ 由神经元不变、神经元新增和神经元剔除三部分构成。传统方法中不含有神经元增减操作,故 $M_{i,p}(t)$ 与 $M_{i,g}(t)$ 均恒为 0;有限神经元自增长方法中,允许神经元单方向增长,故 $M_{i,p}(t)$ 恒为 0;而本章所提的方法中,三者均为时变,且增减阈值由当前时刻的跟踪误差和神经元数量综合得出,有效避免了因人工无法选取合适的神经元数量而导致的神经元数量过多或过少的问题。

(3)为进一步强化 NN 的自学习与推理能力,借鉴具有神经核机能柱的人脑内部结构,将 NN 划分为多个子网络。每个子网络中含有不同基函数结构的神经元,使得多元化的基函数在 NN 模型中有明确的数学表达形式,以便从李雅普诺夫稳定性理论上进行分析证明。

(4)利用 BLF 的特性,可以确保 MSAE-NN 的训练输入向量 z 在整个系统运行过程中始终有界,从而自然地满足了 UAT 给出的紧集先决条件,使得 NN 在控制闭环中有效且安全地发挥近似功能。

(5)MSAE-NN 中加入了平滑增加与减少函数,避免了因神经元数量骤然增加或减少而导致的控制信号抖动问题,保证控制信号的连续性。

综上所述,当理想权值恒定、基函数结构单一固定且不启用神经元自动调节策略时,式(4-12)所定义的理想渐近器可简化成绝大多数现存 NN 控制方法中的传统 NN 模型,如此便会产生 4.1 节提及的问题。下面将结合 4.2 节的解决方法和所构建的 MSAE-NN 模型,针对一类非线性系统设计跟踪控制器,统一解决这些问题。

4.4　改进型 NN 控制器设计

考虑如下高阶非仿射系统：

$$\begin{cases} \dot{x}_k = x_{k+1}, & 1 \le k \le n-1 \\ \dot{x}_n = f(x,u) \pm f_d(x,t), & k=n \end{cases} \tag{4-19}$$

式中，$x = [x_1, \cdots, x_n]^T \in R^n$ 为状态向量；$u \in R$ 为控制信号；$f(x,u)$ 为光滑非线性函数；$\pm f_d(x,t)$ 表示因外界干扰或子系统故障引起的额外模型跳变；"$\pm$" 用于强调这种跳变在幅值和方向上的双重不确定性。

根据中值定理，存在 $\bar{u} \in [0,u]$，使

$$f(x,u) = f(x,0) + \frac{\partial f(x,\bar{u})}{\partial u} u \tag{4-20}$$

假设 4-1：函数 $f(x,\bar{u})$ 关于 u 的偏导数符号已知确定，且存在未知正常数 λ_0 满足

$$\lambda_0 \le \lambda(x,\bar{u}) = \frac{\partial f(x,\bar{u})}{\partial u} \tag{4-21}$$

假设 4-2：存在连续函数 $\eta(x,t)$，使得不连续函数 $F(x,t) = f(x,0) \pm f_d(x,t)$ 满足

$$\left| F(x,t) \right| \le \eta(x,t) \tag{4-22}$$

定义系统状态跟踪误差

$$e_1(t) = x_1(t) - x_d(t) \tag{4-23}$$

式中，$x_d(t)$ 为给定期望轨迹，满足关于时间 n 阶可导，且存在已知正常数 $X_i \ge 0$，使得 $\forall i \in [0,n]$ 有 $\left| x_d^{(i)} \right| \le X_i$ $(i = 0,1,\cdots,n)$。

滤波误差 $s(t)$ 的定义同式 (3-5)，因此若 $s(t)$ 有界，则跟踪误差的 $n-1$ 阶导数有界。根据式 (4-21)，容易得到如下误差动态方程：

$$\dot{s}(t) = \xi(x, X_d, t) + \lambda(x,\bar{u}) u \tag{4-24}$$

其中

$$\xi(x, X_d, t) = F(x,t) + X_d \tag{4-25}$$

式 (4-25) 为未知跳变函数。且有 $X_d = -x_d^{(n)} + \sum_{i=1}^{n-1} p_i e_1^{(i)}$。由于无法获取 $\xi(\cdot)$ 和 $\lambda(\cdot)$ 的准确信息，并不能直接建立与之相关的控制方案。鉴于此，本章的控制目标为设计基于 MSAE-NN 的控制器，使系统状态 x_1 在建模不确定性与外界干扰存在的情况下能够足够精确地跟踪期望轨迹 $x_d(t)$。

备注 4-6：与诸多控制方法类似，$\lambda(x,\bar{u})$ 要求为严格正定或负定函数，从而确保系统的可控。不失一般性，假设 4-1 通过正常数 λ_0 将 $\lambda(x,\bar{u})$ 限制为正定函数。假设 4-2 表明存在某一未知连续函数 $\eta(x,t)$ 可作为不连续函数 $F(x,t)$ 的绝对值上界。不难发现，这两个假设在实际系统中较易满足。

4.4.1　经典鲁棒控制方案

本节首先针对 $F(x,t)$ 的上界 $\eta(x,t)$ 已知的情况设计经典的鲁棒控制器。根据式(4-25)，有 $|\xi(\cdot)| \leqslant \eta(x,t) + |X_d| := \Xi_0$，由此归纳如下定理。

定理 4-1：考虑式(4-19)的动态系统以及假设 4-1 和假设 4-2。如果式(4-25)的 $\xi(\cdot)$ 存在已知上界 $\Xi_0 > 0$，则通过使用如下鲁棒跟踪控制器 u，可确保所有闭环信号有界，且滤波误差最终收敛为 0，即

$$u = -k_0 s - \frac{\Xi_0}{\lambda_0} \operatorname{sgn}(s) \tag{4-26}$$

式中，控制增益 $k_0 > 0$、$\lambda_0 > 0$ 为式(4-21)中 $\lambda(x, \overline{u})$ 的下界，$\operatorname{sgn}(s)$ 为关于滤波误差 s 的符号函数。

证明如下。

考虑如下李雅普诺夫函数：

$$V(t) = \frac{1}{2} s^2 \tag{4-27}$$

对 $V(t)$ 求关于时间的导数，并将式(4-24)的误差动特性和式(4-26)的控制器代入，得到

$$
\begin{aligned}
\dot{V}(t) = s\dot{s} &= s\big(\xi(x, X_d, t) + \lambda(x, \overline{u})u \big) \\
&= s\xi(\cdot) + s\lambda(\cdot)\left(-k_0 s - \frac{\Xi_0}{\lambda_0} \operatorname{sgn}(s) \right)
\end{aligned} \tag{4-28}
$$

因为 $|\xi(\cdot)| \leqslant \Xi_0$，$\operatorname{sgn}(s) \cdot s = |s|$，式(4-28)可放缩为

$$\dot{V}(t) \leqslant \Xi_0 |s| - k_0 s^2 \lambda(\cdot) - \Xi_0 |s| \frac{\lambda(\cdot)}{\lambda_0} = \Xi_0 |s| \left(1 - \frac{\lambda(\cdot)}{\lambda_0} \right) - k_0 s^2 \lambda(\cdot) \tag{4-29}$$

根据式(4-21)可知，$\lambda(\cdot) / \lambda_0 \geqslant 1$，因此有

$$\dot{V}(t) \leqslant -k_0 s^2 \lambda(\cdot) \tag{4-30}$$

式(4-30)表明 V 有界，s 有界，从而得到 u 和 Ξ_0 有界，故 $\dot{s}$ 有界。根据 Barbalat 引理，易证 $\lim\limits_{t\to\infty} s(t) = 0$，且 $\lim\limits_{t\to\infty} e^{(i)}(t) = 0$，$i = 0, \cdots, n-1$。证明结束。

备注 4-7：由于定理 4-1 假设 Ξ_0 和 λ_0 均为已知可用信息，因此所得控制方案颇为简单，而事实上这一假设在绝大多数情况下较难成立。同时，式(4-26)包含符号函数项，在滤波误差 s 过零时会导致控制信号不连续，其产生的高频抖动会降低执行器的使用寿命，甚至影响整个系统的平稳安全运行。4.4.2 节将统一考虑这些问题，并给出基于 MSAE-NN 的完整控制策略。

4.4.2 基于 MSAE-NN 控制方案

UAT 要求待逼近/重构的函数为连续函数。然而，由于式(4-25)中的非线性函数 $\xi(\cdot)$ 存在跳变扰动 $f_d(x,t)$，所以难以直接使用 NN 逼近这一非连续函数。本章致力于设计无须具体模型信息(如 Ξ_0 和 λ_0)的智能控制器，采用式(4-18)给出的 MSAE-NN 对 $\xi(\cdot)$ 的 L_1 或 L_2 范数的上界进行重构，即

$$|\xi(x,X_d,t)| \leq \eta(x,t) + |X_d| = F^*_{\mathrm{MSAE\text{-}NN}} + \varepsilon(z)$$

$$= \sum_{i=1}^{L} \sum_{j=1}^{m_i(t)} \hat{\phi}_{i,j}(\overline{z}) \cdot w^*_{i,j}(t) + \varepsilon(z) = \Phi^{\mathrm{T}}(z) W_{\varepsilon}(z,t) \qquad (4\text{-}31)$$

式中，$z = [x^{\mathrm{T}}, X_d]^{\mathrm{T}}$，$\Phi(z) = [\hat{\phi}_{1,1}(\overline{z}), \cdots, \hat{\phi}_{L,m_L}(\overline{z}), 1]^{\mathrm{T}}$，$W_{\varepsilon}(\cdot) = [w^*_{1,1}(t), \cdots, w^*_{L,m_L}(t), \varepsilon(z)]^{\mathrm{T}}$，且重构误差 $|\varepsilon(z)| < \varepsilon_c < \infty$。

因为 $w^*_{i,j}(t)$ 和 $\varepsilon(z)$ 有界，所以存在未知常量 w_{ε} 满足

$$\|W_{\varepsilon}(z,t)\| \leq w_{\varepsilon} \qquad (4\text{-}32)$$

由于 w_{ε} 不具备实际物理意义，因此称为虚拟参数(如 4.2.1 节所述)。在控制器开发中，既不需要直接估计或计算 $W_{\varepsilon}(\cdot)$，也不会用到 w_{ε} 的真实值，而是利用 w_{ε} 的估计值(即 $\hat{w}_{\varepsilon}$)来构建基于 MSAE-NN 的控制器。具体地，

$$u = -k_0 s - u_{\mathrm{MSAE\text{-}NN}} \qquad (4\text{-}33)$$

式中，$u_{\mathrm{MSAE\text{-}NN}}$ 为控制器的补偿单元，且有

$$u_{\mathrm{MSAE\text{-}NN}} = \frac{s \sum_{i=1}^{L} \sum_{j=1}^{m_i(t)} \hat{\phi}^2_{i,j}(\overline{z}) \hat{w}_{\varepsilon}}{\vartheta\left(\beta_1^2 - s^2\right) + |s| \cdot \|\Phi(z)\|} \qquad (4\text{-}34)$$

控制参数 $\vartheta > 0$，$\beta_1 > |s(0)|$ 均为选定常值。虚拟参数 $\hat{w}_{\varepsilon}$ 的自适应律为

$$\dot{\hat{w}}_{\varepsilon} = -\gamma_0 \hat{w}_{\varepsilon} + \frac{s^2}{\left(\beta_1^2 - s^2\right)} \cdot \frac{\gamma_1 \sum_{i=1}^{L} \sum_{j=1}^{m_i(t)} \hat{\phi}^2_{i,j}(\overline{z})}{\vartheta\left(\beta_1^2 - s^2\right) + |s| \cdot \|\Phi(z)\|} \qquad (4\text{-}35)$$

式中，γ_0 和 γ_1 为选定的正常数。

不难看出，式(4-33)中的控制器由一个常规反馈控制单元和一个 NN 补偿单元组成，不仅结构简单，而且具有以下特点。

(1)对于突发扰动或子系统故障所导致的待逼近函数不连续情形，控制器能够确保 NN 学习的有效性。原因在于 NN 补偿单元逼近的是 $\xi(\cdot)$ 的上界(连续函数)而非 $\xi(\cdot)$ 本身，排除了因函数不连续所导致的 NN 失效的隐患。

(2)相比理想权值恒定的 NN 控制策略，该控制算法由更具一般性的时变理想权值演变得到。通过对 $\|W_{\varepsilon}(z,t)\|$ 的上界进行估计，理想权值的非恒自然属性所引发的问题得到妥善处理，因而进一步提高了所合成控制器的实用性。

(3)控制器中所涉及的神经元个数能够根据系统当前性能自动增减调整，并且

通过设计平滑过渡函数，确保神经元的新增和剔除过程平滑进行，从而避免控制信号在神经元骤然增减时发生跳动。

（4）MSAE-NN 不再由结构单一的基函数构成，其支持不同种类的基函数（如高斯函数、双曲正切函数、升余弦函数等）的自由组合，使得控制器有能力处理更为复杂多变的非线性和不确定性。

（5）在随后的 BLF 稳定性分析中，证明了所提控制器能够将滤波误差 s 限制在 $(-\beta_1, \beta_1)$ 内，从而确保 NN 输入训练 z 始终处于紧集中。因此，在整个系统运行期间紧集先决条件均成立，NN 补偿单元的有效性与安全性得到保障。

定理 4-2： 考虑式 (4-19) 的动态系统以及假设 4-1 和假设 4-2。采用式 (4-33) 的 MSAE-NN 控制器、式 (4-35) 的虚拟参数的自适应律、式 (4-18) 的 MSAE-NN 渐近器以及 4.2.2 节的神经元数量在线自调节方案。选取正常数 β_1 使得 $\beta_1 > |s(0)|$，则有如下结论成立。

（1）$\forall t \geq 0$，虚拟参数估计偏差 $\tilde{w}_\varepsilon = w_\varepsilon - \lambda_0 \hat{w}_\varepsilon$ 满足

$$|\tilde{w}_\varepsilon| \leq \sqrt{w_\varepsilon^2 + 2\gamma_1 \gamma_0^{-1} \lambda_0 w_\varepsilon \vartheta} \tag{4-36}$$

（2）MSAE-NN 的训练输入 z 被限制于如下定义的固定紧集 Ω_z 中，即

$$\Omega_z := \left\{ z \mid \|z\| < \sqrt{1 + \sum_{i=0}^{n} X_i} \right\} \tag{4-37}$$

（3）当 $t \to \infty$ 时，滤波误差 $|s(t)| \leq \beta_1 \sqrt{1 - \exp(-\Theta)}$，其中

$$\Theta := \frac{\gamma_0}{k_0 \gamma_1 \lambda_0^2} w_\varepsilon^2 + \frac{2w_\varepsilon \vartheta}{k_0 \lambda_0} \tag{4-38}$$

（4）系统中所有闭环信号有界。

证明如下。

选取候选李雅普诺夫函数

$$V(t) = V_b\big(s(t)\big) + \frac{1}{2\gamma_1 \lambda_0} \tilde{w}_\varepsilon^2 \tag{4-39}$$

式中，$V_b(\cdot)$ 由式 (3-14) 定义，在 $s \in (-\beta_1, \beta_1)$ 正定且连续可导，因此是有效的 BLF。

对 $V(t)$ 求关于时间的导数可得

$$\begin{aligned}
\dot{V}(t) &= \frac{s}{\beta_1^2 - s^2}\big(\xi(\cdot) + \lambda(x, \overline{u})u\big) - \frac{1}{\gamma_1}\tilde{w}_\varepsilon \dot{\hat{w}}_\varepsilon \\
&\leq \frac{1}{\beta_1^2 - s^2}\big(|\xi(\cdot)||s| + s\lambda(x, \overline{u})u\big) - \frac{1}{\gamma_1}\tilde{w}_\varepsilon \dot{\hat{w}}_\varepsilon
\end{aligned} \tag{4-40}$$

采用 4.3 节提出的 MSAE-NN 对 $|\xi(\cdot)|$ 的上界进行近似，并将式 (4-31) 和式 (4-32) 代入，$\dot{V}(t)$ 可进一步缩放为

$$\dot{V}(t) \leq \frac{1}{\beta_1^2 - s^2}\big(\Phi^{\mathrm{T}}(z)W_\varepsilon(z,t)|s| + s\lambda(x, \overline{u})u\big) - \frac{1}{\gamma_1}\tilde{w}_\varepsilon \dot{\hat{w}}_\varepsilon$$

$$\leqslant \frac{1}{\beta_1^2 - s^2}\left(\|\Phi\|w_\varepsilon|s| + s\lambda(x,\overline{u})u\right) - \frac{1}{\gamma_1}\tilde{w}_\varepsilon\dot{\hat{w}}_\varepsilon \tag{4-41}$$

代入式 (4-33) 的控制器 u 和式 (4-35) 的自适应律 $\dot{\hat{w}}_\varepsilon$，可得

$$\dot{V}(t) \leqslant \frac{\|\Phi\|w_\varepsilon|s|}{\beta_1^2 - s^2} + \frac{s\lambda(x,\overline{u})}{\beta_1^2 - s^2}\left(-k_0 s - \frac{s\sum_{i=1}^L\sum_{j=1}^{m_i(t)}\hat{\phi}_{i,j}^2(\overline{z})\hat{w}_\varepsilon}{\vartheta\left(\beta_1^2 - s^2\right) + |s|\cdot\|\Phi\|}\right)$$
$$- \frac{1}{\gamma_1}\tilde{w}_\varepsilon\left(-\gamma_0\hat{w}_\varepsilon + \frac{s^2}{\left(\beta_1^2 - s^2\right)}\cdot\frac{\gamma_1\sum_{i=1}^L\sum_{j=1}^{m_i(t)}\hat{\phi}_{i,j}^2(\overline{z})}{\vartheta\left(\beta_1^2 - s^2\right) + |s|\cdot\|\Phi\|}\right) \tag{4-42}$$

整理有

$$\dot{V}(t) \leqslant \frac{w_\varepsilon\|\Phi\||s|}{\beta_1^2 - s^2} - \frac{k_0\lambda(\cdot)s^2}{\beta_1^2 - s^2} - \frac{\hat{w}_\varepsilon s^2\lambda(\cdot)\sum_{i=1}^L\sum_{j=1}^{m_i(t)}\hat{\phi}_{i,j}^2}{\left(\beta_1^2 - s^2\right)\left(\vartheta\left(\beta_1^2 - s^2\right) + |s|\cdot\|\Phi\|\right)}$$
$$+ \frac{\gamma_0}{\gamma_1}\tilde{w}_\varepsilon\hat{w}_\varepsilon - \tilde{w}_\varepsilon\frac{s^2}{\left(\beta_1^2 - s^2\right)}\cdot\frac{\sum_{i=1}^L\sum_{j=1}^{m_i(t)}\hat{\phi}_{i,j}^2}{\vartheta\left(\beta_1^2 - s^2\right) + |s|\cdot\|\Phi\|} \tag{4-43}$$

根据式 (4-31) 和假设 4-1 可知：$\sum_{i=1}^L\sum_{j=1}^{m_i(t)}\hat{\phi}_{i,j}^2 < \|\Phi\|^2$，$-\lambda(x,\overline{u}) \leqslant -\lambda_0$，因此

$$\dot{V}(t) \leqslant \frac{w_\varepsilon\|\Phi\||s|}{\beta_1^2 - s^2} - \frac{k_0\lambda_0 s^2}{\beta_1^2 - s^2} - \frac{\lambda_0\hat{w}_\varepsilon s^2\|\Phi\|^2}{\left(\beta_1^2 - s^2\right)\left(\vartheta\left(\beta_1^2 - s^2\right) + |s|\cdot\|\Phi\|\right)}$$
$$+ \frac{\gamma_0}{\gamma_1}\tilde{w}_\varepsilon\hat{w}_\varepsilon - \frac{s^2}{\left(\beta_1^2 - s^2\right)}\cdot\frac{\tilde{w}_\varepsilon\|\Phi\|^2}{\vartheta(\beta_1^2 - s^2) + |s|\cdot\|\Phi\|} \tag{4-44}$$
$$\leqslant -\frac{k_0\lambda_0 s^2}{\beta_1^2 - s^2} + \frac{\gamma_0}{\gamma_1}\tilde{w}_\varepsilon\hat{w}_\varepsilon + \frac{w_\varepsilon\|\Phi\||s|\vartheta}{\vartheta\left(\beta_1^2 - s^2\right) + |s|\cdot\|\Phi\|}$$

结合不等式

$$\frac{\gamma_0}{\gamma_1}\tilde{w}_\varepsilon\hat{w}_\varepsilon \leqslant -\frac{\gamma_0}{2\gamma_1\lambda_0}\tilde{w}_\varepsilon^2 + \frac{\gamma_0}{2\gamma_1\lambda_0}w_\varepsilon^2 \tag{4-45}$$

$$0 \leqslant \frac{\|\Phi\||s|}{\vartheta\left(\beta_1^2 - s^2\right) + |s|\cdot\|\Phi\|} < 1 \tag{4-46}$$

式 (4-44) 进一步简化为

$$\dot{V}(t) \leqslant -\frac{k_0\lambda_0 s^2}{\beta_1^2 - s^2} - \frac{\gamma_0}{2\gamma_1\lambda_0}\tilde{w}_\varepsilon^2 + \frac{\gamma_0}{2\gamma_1\lambda_0}w_\varepsilon^2 + \vartheta w_\varepsilon \tag{4-47}$$

又因为 $s \in (-\beta_1, \beta_1)$，始终有

$$-\frac{s^2}{\beta_1^2 - s^2} \leqslant -\frac{1}{2}\ln\frac{\beta_1^2}{\beta_1^2 - s^2} \tag{4-48}$$

将式 (4-48) 代入式 (4-47) 可得

$$-\frac{s^2}{\beta_1^2-s^2} \leqslant -\frac{1}{2}\ln\frac{\beta_1^2}{\beta_1^2-s^2} \tag{4-49}$$

从中易知 $\dot{V}(t)<0$ 时，满足

$$\begin{aligned}
s^2 &> \beta_1^2\left(1-\exp\left(-w_\varepsilon^2\gamma_0\left(k_0\gamma_1\lambda_0^2\right)^{-1}-2w_\varepsilon\vartheta\left(k_0\lambda_0\right)^{-1}\right)\right)\\
&= \beta_1^2\left(1-\exp(-\Theta)\right)
\end{aligned} \tag{4-50}$$

或者

$$\tilde{w}_\varepsilon^2 > w_\varepsilon^2 + 2\gamma_1\gamma_0^{-1}\lambda_0 w_\varepsilon\vartheta \tag{4-51}$$

表明 s 与 $\tilde{w}_\varepsilon$ 会被最终界定于 $|s(t)|\leqslant\beta_1\sqrt{1-\exp(-\Theta)}<\beta_1$ 和 $|\tilde{w}_\varepsilon|\leqslant\sqrt{w_\varepsilon^2+2\gamma_1\gamma_0^{-1}\lambda_0 w_\varepsilon\vartheta}$。定理 4-2 的结论 (1) 与 (3) 得证。

将式 (4-39) 代入式 (4-49)，进一步整理可得

$$\dot{V}(t) \leqslant -\varpi_1 V(t) + \varpi_2 \tag{4-52}$$

式中，$\varpi_1=\min\{k_0\lambda_0,\gamma_0\}$，$\varpi_2=w_\varepsilon^2\gamma_0/(2\gamma_1\lambda_0)+w_\varepsilon\vartheta$。

由此可知 $V(t)$ 与 $V_b(t)$ 有界，对于任意 $t\in[0,\infty)$ 有 $s\in(-\beta_1,\beta_1)$ 成立。根据式 (3-5) 定义的滤波误差 $s(t)$，能够进一步建立其与 MSAE-NN 的输入状态 z 的关系：

$$\|z\| = \sqrt{\left|\frac{s}{\beta_1}\right|^2+\sum_{i=0}^n\left|x_d^{(i)}\right|^2} < \sqrt{1+\sum_{i=0}^n X_i^2} \tag{4-53}$$

故定理 4-2 的结论 (2) 得证。又因为 $\tilde{w}_\varepsilon=w_\varepsilon-\lambda_0\hat{w}_\varepsilon$ 已证有界，且 w_ε 和 λ_0 为未知有界常数，所以可知 $\hat{w}_\varepsilon$ 和 $\dot{\hat{w}}_\varepsilon$ 有界。同时易知 $e_1^{(i)}$、$x_d^{(i)}$、x_{i+1} ($i=0,1,\cdots,n-1$) 以及控制信号 u 有界。因此，定理 4-2 的结论 (4) 得证。证毕。

备注 4-8：基于 BLF 的稳定性分析所得的控制策略及其参数更新律能够确保 MSAE-NN 的输入信号 z 始终限制于具有明确定义的紧集内，即 $\Omega_z:=\{z\,|\,\|z\|<\sqrt{1+\sum_{i=0}^n X_i}\}$，从而实现 4.2.4 节的方法。因此，MSAE-NN 可被安全置于闭环系统内作为渐近器使用。同时，由于系统状态的最大可行值通常能够事先得到，β_1 的取值可根据这些粗略初始信息而决定，进而使得 $\beta_1>|s(0)|$ 恒成立。此外，虽然在 MSAE-NN 中包含 $m(t)$ 个时变神经元，但事实上仅需在线调节一个虚拟自适应参数 $\hat{w}_\varepsilon$，有效节省总体控制策略的运算资源。

4.5 仿 真 验 证

本节旨在验证所提 MSAE-NN 型控制器的有效性和先进性。考虑含有突发跳变扰动的二阶非仿射系统模型：

$$\begin{cases} \dot{x}_1 = x_2 \\ \dot{x}_2 = (x_1^2 + 2)u + \cos(u) + \exp\left(-x_1^2 + x_2^2\right) + f_d(x,t) \end{cases} \tag{4-54}$$

未知不连续时，变项 $f_d(x,t)$ 为

$$f_d(x,t) = \begin{cases} \sin(10\pi t), & t < 3 \\ \text{square}(10\pi t), & t \geq 3 \end{cases} \tag{4-55}$$

式中，square$(10\pi t)$ 周期为 0.2s，赋值为 ±1，占空比为 50% 的方波。易知该系统满足假设 4-1 和假设 4-2。理想轨迹为 $x_d(t) = 0.5\sin(\pi t)$，状态初值为 $x_1(0) = 0.5$，$x_2(0) = 0.5\pi$，虚拟参数 $\hat{w}_g = 0$，赫尔维茨多项式系数 $P = [2,1]$。根据式 (3-5)，$s(0) = 2e_1(0) + \dot{e}_1(0) = 1$，因此可取 $\beta_1 = 2$，使得 $\beta_1 > |s(0)|$。系统仿真总时间为 6s，控制周期 100μs，神经元增减算法调用周期为 10ms。

下面将从三个层面进行仿真对比研究。第一层面在于验证具有可自调节神经元数的 NN 控制器的整体表现，仅启用神经元自调节策略但不采用多元化基函数；第二层面在于复现神经元数固定的 NN 应用局限性，关闭神经元自调节策略并人工对基函数结构参数赋值；第三层面在于考查 MSAE-NN 的综合控制效果，采用多种类型的基函数并同时开启神经元自调节策略。

4.5.1　神经元数量自调节且基函数类型单一

本节围绕第一层面展开。为使 NN 扮演主导角色，令式 (4-33) 的控制器中的反馈增益系数 $k_0 = 0.01$。通过式 (4-50) 导出参数估计学习速率 γ_0、γ_1、ϑ 与滤波误差的关系，即较小的 γ_0 和 ϑ，较大的 γ_1 可实现较高的控制精度。为避免控制器出现剧烈震荡，γ_1 不宜过大，故取 $\gamma_0 = 0.1$，$\gamma_1 = 50$，$\vartheta = 0.001$。神经元数量自增减阈值因子 $\rho = 0.1$，$\chi = 1$，网络输入为 $z = [s / \beta_1, x_d, \dot{x}_d, \ddot{x}_d]^T$。选用如下高斯函数作为初始神经元的基函数：

$$\phi_{gs,j}(z) = \exp\left(-\left\| z - \mu_j \right\|^2 / \sigma_j\right) \tag{4-56}$$

高斯函数中心 $\mu_j(0) = [s(0) / \beta_1, x_d(0), \dot{x}_d(0), \ddot{x}_d(0)]^T$，宽度 $\sigma_j = 2$，且神经元初始个数为 $m_{gs}(0) = 5$，$j = 1, \cdots, m_{gs}(0)$。

图 4-5 的结果表明当存在跳变干扰时，MSAE-NN 控制器可使跟踪误差和滤波误差迅速收敛。图 4-6 给出了相应的系统状态跟踪情况。图 4-7 对比了开启/关闭神经元增减平滑操作后的控制信号演变情况。不难看出，虽然神经元平滑增减操作不会直接改善系统误差的收敛速度和最终精度，但会明显改善控制信号的光滑性。由此可见，含有神经元平滑增减操作的 MSAE-NN 能够有效避免控制信号在神经元生成或剔除时刻产生的抖动。图 4-8 描绘了在系统运行期间神经元个数自动调整的结果，进一步证实了在初始神经元数量较少时，采用 4.2.2 节的神

经元数量在线自调节方案及式 (4-13) 和式 (4-14) 的神经元增减平滑函数，MSAE-NN 仍然可以发挥渐近学习能力从而达成期望的控制目标，而不需要在系统初始化时人工设置过多数量的神经元。

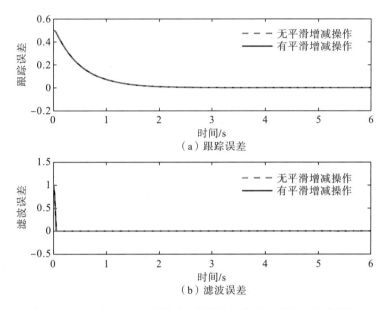

图 4-5　开启/关闭神经元增减平滑操作时的跟踪误差和滤波误差

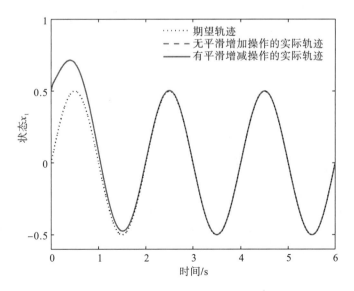

图 4-6　开启/关闭神经元增减平滑操作时的跟踪效果

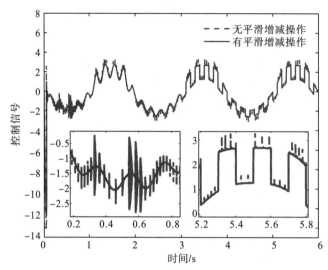

图 4-7　开启/关闭神经元增减平滑操作时的控制信号

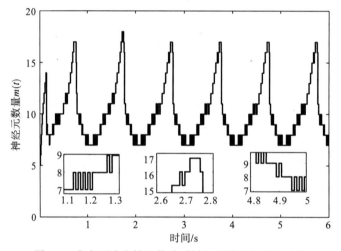

图 4-8　存在不确定性及扰动时神经元数量的变化结果

4.5.2　神经元数量固定且基函数类型单一

　　本节围绕第二层面展开。首先停止使用神经元自调节策略，并将 NN 所含总神经元数 m 分别设置为恒定值 5、10、20、50。同时，每个神经元对应的基函数均采用式(4-56)的高斯形式。系统初值、控制参数和基函数结构参数与 4.5.1 节相同。

　　一旦人工选取的基函数结构参数不能实现对 NN 输入 z 的有效映射，该类基函数所对应的神经元将失去活性，导致网络渐近功能失效。图 4-9 和图 4-10 分别给出了这种情形下误差和控制信号的结果。不难得知，此时即使引入再多数量的同类神经元也无法使误差收敛，相反还有可能导致控制系统的崩溃。

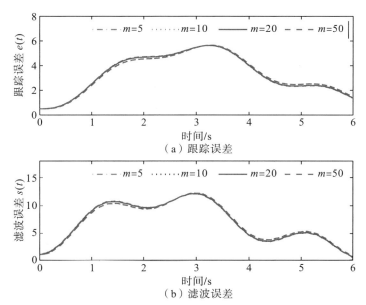

图 4-9　固定数量失效神经元作用下的跟踪误差和滤波误差

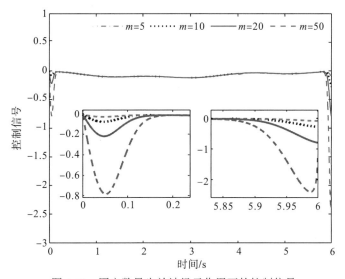

图 4-10　固定数量失效神经元作用下的控制信号

为使固定数量神经元 NN 正常发挥学习能力，可以直接增加基函数的宽度 σ 或根据 NN 输入的紧集区间来选定不同的 μ_i。本节采用直接增加基函数的宽度的方法，将式(4-56)中的基函数宽度 σ 调整至 20 以实现对输入 z 的有效映射，从而使相应神经元能够在系统运行期间始终维持在活跃状态。图 4-11 和图 4-12 展现了在固定数量的活跃神经元作用下误差和控制信号的演变情况。图 4-13 描绘了估计权值/虚拟参数 $\hat{w}_\varepsilon$ 在不同固定活跃神经元作用下的变化。可以看出，对于固定神经元数量的神经网络而言，首先需要确保 NN 映射的有效性，才能得到神经元数量的增加可以提高系统的控制精度这一结论。值得注意的是，当神经元数量增大到一定程度后，继续增加神经元数量则很难明显改善控制精度，反而会造成运算资源的浪费。由此进一步验证了神经元自调节型网络的优越性，其不仅能够节省人工选参的烦琐步骤与停机/再编程的试错步骤，还可以避免冗余神经元的生成，有效节省系统运行的开销。

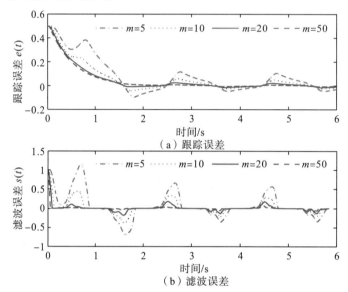

图 4-11　固定数量活跃神经元作用下的跟踪误差和滤波误差

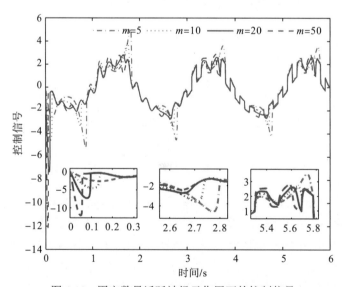

图 4-12　固定数量活跃神经元作用下的控制信号

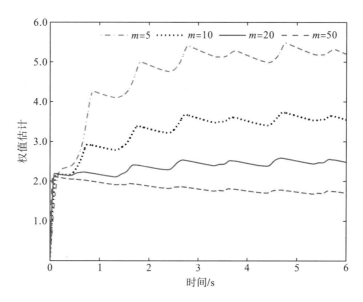

图 4-13　固定数量活跃神经元作用下的权值/虚拟参数估计

4.5.3　神经元数量自调节且基函数类型多元化

本节围绕第三层面展开，综合考查基于 MSAE-NN 的控制器性能。在开启神经元自增减策略的同时，采用两种具有 y 轴对称结构的函数作为初始神经元的基函数（见附录）。第一种为如式(4-56)定义的高斯基函数(gaussian basis functions，GBF)，第二种为式(4-57)定义的升余弦函数(raised cosine basis functions，RCBF)：

$$\phi_{rc,j}(z) = \begin{cases} 0.5 + 0.5\cos\left(0.5\pi\|z - \mu_j\|\right), & \|z - \mu_j\| < \sigma_j / 2 \\ 0, & \text{其他} \end{cases} \tag{4-57}$$

且升余弦型神经元的初始个数 $m_{rc}(0) = 5$，$j = 1, 2, \cdots, m_{rc}(0)$。

根据 4.3 节构建的 MSAE-NN，结合式(4-18)可知含有上述两种基函数的 NN 结构可表示为

$$\begin{aligned} F_{\text{MSAE-NN}}^* &= \sum_{i=1}^{2} \sum_{j=1}^{m_i(t)} \hat{\phi}_{i,j}(\bar{z}) \cdot w_{i,j}^*(t) \\ &= \sum_{j=1}^{m_{gs}(t)} \hat{\phi}_{gs,j}(\bar{z}) \cdot w_{gs,j}^*(t) + \sum_{j=1}^{m_{rc}(t)} \hat{\phi}_{rc,j}(\bar{z}) \cdot w_{rc,j}^*(t) \end{aligned} \tag{4-58}$$

式中，$\hat{\phi}_{gs,j}(\bar{z})$ 和 $\hat{\phi}_{rc,j}(\bar{z})$ 分别为含有平滑增减算子的 GBF 和 RCBF。

系统初值、控制参数和基函数结构参数的设置与 4.5.1 节相同。为简化表达，记同时具有 GBF 和 RCBF 的 NN 为多元化基函数(diversified basis functions，DBF)NN。同时，将采用单一类型基函数(即 GBF 或 RCBF)的 NN 作为对照组，且神经元初个数分别设置为 10 个，与 DBF 的初始总神经元数量保持一致。

图 4-14 和图 4-15 展示了跟踪误差、滤波误差以及轨迹跟踪的演变情况。可以看出，无论在 MSAE-NN 使用多元还是单一型基函数，均能够达成理想的控制目标，这得益于结合系统当前表现性能所设计的神经元自动调节策略。通过对结果进行放大，进一步发现，采用 DBF 的控制策略可以使系统误差更趋于 0，且产生的实际跟踪轨迹也更贴近给定的理想轨迹，与 4.2.3 节的推测一致。

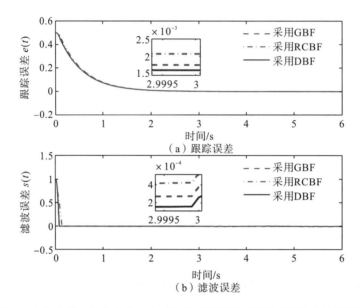

图 4-14　单高斯、单升余弦、多元化基函数作用下的跟踪误差和滤波误差

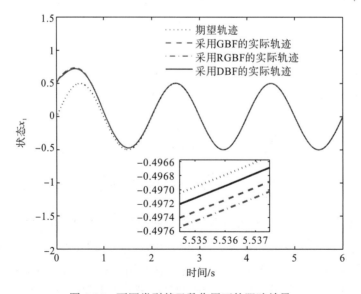

图 4-15　不同类型基函数作用下的跟踪效果

　　图 4-16 为控制信号在不同类型基函数作用下的输出结果。采用 DBF 所产生的控制信号的波动程度要明显低于基于单纯 GBF 或 RCBF 的控制。此处的波动程度并非控制信号的光滑性，由于本节的仿真全部启用了神经元平滑增减处理，因此所得到的控制信号全部具有光滑性。由此可见，DBF 为 MSAE-NN 带来的好处在于其能产生相对平稳且平滑的控制信号，这对于延长执行器寿命和降低设备成本大有裨益。

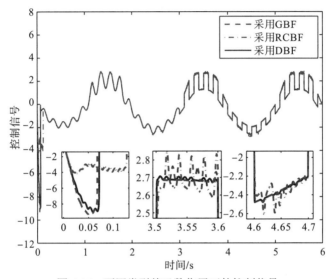

图 4-16　不同类型基函数作用下的控制信号

　　图 4-17 描绘了系统所含神经元数目的演变过程。其中，具有 DBF 的 MSAE-NN 的神经元数量（加粗实线）是高斯神经元数量（点划线）和升余弦神经元数量（虚线）之和；加粗虚线和加粗点划线分别表示仅采用单一 GBF 或 RCBF 的神经元数量变化曲线。从放大图中可以看出，在初始时刻（$t=0\,\text{s}$），三种基函数类型的网络所含总神经元个数均为 10，随着系统的运行，神经元数量变化曲线逐渐呈现差异，直观地反映出神经元的个体差异性。此外，采用单一 GBF 或 RCBF 的神经元数量与采用 DBF 神经元数量的两分量几乎吻合，进一步说明同一类型的神经元对于 NN 输入的响应是一致的，其增加与减少的时机不易受到其他类型神经元的影响，这一结果很好地佐证了所构建的 MSAE-NN 符合脑内功能区域相对独立的特点。

　　在图 4-18 中，三种类型基函数作用下得到的权值/虚拟参数估计值 $\hat{w}_{\varepsilon}$ 基本一致，并且趋近固定神经元个数 $m=50$ 的参数估计结果（图 4-13）。由于本节启用了神经元自调节方案和多元化基函数，神经元数量调节的最大值为 26，最小值为 13，综合控制性能却已超越神经元个数固定为 50 的仿真结果，有效证实了基于 MSAE-NN 的控制策略的先进性。同时，由于本章所提方法无须对基函数结构参数进行复杂的人工赋值操作，在实际工程开发中具有更好的友好性和易用性。

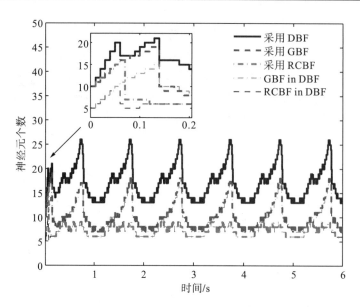

图 4-17　不同类型基函数作用下神经元数量变化情况

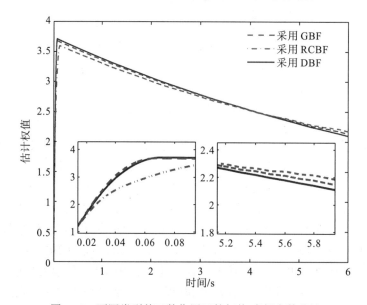

图 4-18　不同类型基函数作用下的权值/虚拟参数估计

4.6　本 章 小 结

作为第 2 章和第 3 章的理论拓展，本章结合脑神经系统的工作原理构建了一种具有时变理想权值、平滑自增减神经元和多元化基函数特征的多内涵自调节神经网络(MSAE-NN)，并将其用于对不确定高阶非仿射跳变系统的控制，为 NN 万能渐近相关的常见问题提供了系统的解决方法。所提控制方法能够确保 MSAE-NN 的输入始终满足紧集条件，保障系统安全可靠运行。通过设计神经元平滑自增减策略和引入多元化基函数，所产生的控制信号具有平稳平滑性，同时避免了人工选取 NN 基函数结构参数的烦琐过程，有效地提升了系统的自学习能力。此外，本章结合实际工程应用场景，通过多维度的对比仿真研究，全面证实了所提方法的有效性和独特性。

习 题 4

1. 神经网络万能逼近定理成立的条件是什么？

2. 简述神经元逐个自动调节(含神经元的新增与剔除)的一般算法。

3. 传统神经网络与本章提出的神经网络的主要区别是什么？

4. 关于神经网络的紧凑集合先决条件是如何确保的？

5. 思考如何将 4.4.2 节的基于 MSAE-NN 的鲁棒自适应算法应用到机器人系统。

6. 思考如何将 4.4.2 节的基于 MSAE-NN 的鲁棒自适应算法拓展到严格反馈系统。

7. 请说明 MASE-NN 控制方案的特点。

8. 受限李雅普诺夫函数的有何特点？ MSAE-NN 控制中是如何利用其特点的？

9. 简述 MASE-NN 中提出的神经元数量自调节的具体过程，指出其优势。

第5章 仿生智能控制在多自由度机器人系统中的应用

在第4章构建了多内涵自调节神经网络(MSAE-NN)的基础上,本章将其拓展并应用至非仿射多输入多输出(MIMO)系统中。本章以一类具有跳变扰动和未知不确定性的多自由度机器人系统为研究对象,设计基于 MSAE-NN 的类脑学习控制方法(BLAC),致力于解决在关节空间(方阵情形)与笛卡儿空间(非方阵情形)中的轨迹跟踪问题。与绝大多数机器人神经网络控制方法不同的是,BLAC 完整地继承了 MSAE-NN 的优质特性,网络具有结构多元化的基函数以及时变的理想权值,并且能够根据系统当前的输出偏差对神经元个数进行实时调整。这一方面避免了人工通过反复试验的方式来配置 NN 相关参数的冗余过程;另一方面有助于巩固与强化系统的自学习和自适应能力,提升其整体智能程度。值得一提的是,由于控制算法本身并不依赖机器人动力学模型的精确信息,并且无须计算传统 NN 中庞大规模的权值估计向量,而是通过引入虚拟参数的方式巧妙地将矩阵运算转化为标量运算,因此控制器具有结构简单且易于开发的特点。即使对于存在高度不确定非线性的系统,也能以较低的成本在工程系统中集成。此外,本章通过基于受限李雅普诺夫函数的稳定性分析,严格证明了系统的全局一致最终有界性(globally uniformly ultimately bounded, GUUB),并通过多维度的仿真对比研究证实了所提方法的有效性与智能性。

5.1 引 言

在仿射不确定非线性动态系统控制中,能够通过改变控制输入信号的增益系数轻松引导系统行为。相反,对于非仿射系统,由于控制输入是系统模型的隐函数,即控制量是以完全隐含的形式作用于系统,很难在模型未知时直接描述其与系统动态特性之间的关系。因此,关于非仿射系统的控制器设计与稳定性分析是控制领域长久以来备受关注的挑战性课题,并积累了许多重要的研究成果[44, 75, 84, 85, 90, 106, 107, 142, 159, 160]。在诸多文献中,以单输入单输出系统的控制方法为主[40, 90, 92, 161-164],而面向 MIMO 系统的切实可行方案[85, 147, 165-167]则较为有限。迄今为止,针对非仿射 MIMO 系统的跟踪控制依然存在很多悬而未决的问题。从系统集成和操作的层面看,面向此类系统的实用经济型控制策略尚未形成统一框架,而主要障碍来自动态系统微分方程本质上的高度非线性与复杂性。尽管使用传统线性化技术可以近似处理系统非线性，但也会造成非线性动态系统重要信息的丢失。

　　近年来，有关 NN 的研究取得了巨大突破。相比常规控制器，NN 控制方法的核心优势在于其不需要获取系统结构信息和模型参数(即先验知识)，且无须建立精确的数学模型。然而需要指出的是，NN 控制以万能逼近定理为严格前提[79, 138, 139]，在控制器设计和集成阶段需要确保 NN 能够安全有效地发挥学习/近似能力，一旦 NN 参数设置不恰当，不仅会使 NN 整体逼近能力丧失，还会影响系统的平稳安全运行。其主要问题在于缺少系统化、通用性强的参数选取方法，包括神经元个数、基函数及其结构参数(如高斯基函数的中心和宽度参数)等。在绝大多数 NN 控制方法中，这些参数往往需要人工选定，而不能根据系统的实际输出进行自动调整，使得系统控制性能对这些参数格外敏感。比如，设置过多的神经元会造成参数过拟合并且加重运算负担，设置过少则会达不到学习的效果；再如，RBF-NN 设计中，若高斯基函数中心与宽度的设计不在 NN 输入有效的映射范围内，则会导致 RBF-NN 失效。虽然通过梯度下降法能够得到在线调节的参数，但却存在局部最优解的情况，并且很难从理论上证明系统的全局一致最终收敛。为巩固 NN 性能并确保功能的有效性，研究人员做了各种尝试，比如切换控制方法、自组织控制方法及基于受限李雅普诺夫函数的方法。总体来说，传统 NN 控制的设计与分析过程十分复杂，所建立的控制器通常结构复杂，而且需要占用大量的系统在线运算资源。不难得知，这些问题在未知非仿射 MIMO 系统的控制中将表现得更为明显。

　　多关节机械臂是 MIMO 系统控制的典型对象。与自适应 NN 稳定性分析技术结合，目前机械臂控制取得了很多成果，如文献[168]～文献[172]。为了提升轨迹跟踪控制的精度和综合性能，文献[173]针对末端执行器的位置跟踪任务，设计了无须有效载荷质量先验信息的在线 NN 自适应控制器；文献[131]通过 NN 控制实现了机器人与不确定黏性环境的交互；文献[48]结合小脑模型关节控制和回声状态网络，针对非光滑的非线性动力学系统提出了一种输出跟踪误差受限的鲁棒位置控制方法。由于这些控制策略中采用的是固定结构的 NN 模型，因此在实际使用场景中存在之前提及的一些问题。本章采用具有自我生长/消亡特性的 MSEA-NN 模型对该类机器人系统进行控制器设计，旨在避免线性化处理过程和烦琐的设计流程，改善系统的自学习和自适应能力。

5.2　问　题　描　述

5.2.1　机器人系统动力学模型

　　考虑含有 n 个旋转关节的刚性电驱动机械臂，其动力学方程为

$$D(q)\ddot{q} + C(q,\dot{q})\dot{q} + G(q) + F(\dot{q}) \pm \delta(t) = \tau(u) \tag{5-1}$$

式中，$q = [q_1, \cdots, q_n]^T \in \mathrm{R}^n$，$\dot{q} = [\dot{q}_1, \cdots, \dot{q}_n]^T \in \mathrm{R}^n$，$\ddot{q} = [\ddot{q}_1, \cdots, \ddot{q}_n]^T \in \mathrm{R}^n$ 分别为关节角位移、关节角速度和关节角加速度向量；$D(q) \in \mathrm{R}^{n \times n}$ 为对称正定惯性矩阵，$C(q,\dot{q}) \in \mathrm{R}^{n \times n}$ 为向心力与科氏力矩，$G(q) \in \mathrm{R}^n$ 和 $F(\dot{q}) \in \mathrm{R}^n$ 分别为重力与摩擦力，$\delta(t) \in \mathrm{R}^n$ 为外部扰动和建模不确定性；$u \in \mathrm{R}^l$ 为系统控制输入信号；$\tau(u): \mathrm{R}^l \mapsto \mathrm{R}^n$ 为关节电机产生的实际力矩与控制信号间的非线性映射。

记机械臂末端执行器的位姿（如位置与方向）为 $p = [p_1, \cdots, p_m]^T \in \mathrm{R}^m$。$m$ 为末端执行器在笛卡儿任务空间的自由度，且通常满足 $m \leq n$ 以涵盖冗余运动情形。机器人正向运动学关注在已知机器人各关节变量信息时，求解末端执行器位姿的问题。经过一系列坐标变换（如旋转和平移）操作，可以实现从关节空间到任务空间的变化。实际上，p 的每个分量都由 q 求出，可将这一映射过程简记为

$$p = Tf(q) = \left[Tf_1(q), Tf_2(q), \cdots, Tf_m(q)\right]^T \in \mathrm{R}^m \tag{5-2}$$

由于机器人的几何形态存在差异性，$Tf(\cdot)$ 依赖于机器人的本体结构。

对 p 中的每一项进行全微分，则等式右边对所有 q 求偏导。具体展开为

$$\dot{p} = \begin{vmatrix} \dfrac{\partial Tf_1}{\partial q_1} & \dfrac{\partial Tf_1}{\partial q_2} & \cdots & \dfrac{\partial Tf_1}{\partial q_n} \\ \dfrac{\partial Tf_2}{\partial q_1} & \dfrac{\partial Tf_2}{\partial q_2} & \cdots & \dfrac{\partial Tf_2}{\partial q_n} \\ \vdots & \vdots & & \vdots \\ \dfrac{\partial Tf_m}{\partial q_1} & \dfrac{\partial Tf_m}{\partial q_2} & \cdots & \dfrac{\partial Tf_m}{\partial q_n} \end{vmatrix} \Delta q = J(q)\dot{q} \tag{5-3}$$

$J(q) = \partial Tf(q) / \partial q \in \mathrm{R}^{m \times n}$ 为雅可比矩阵，p 的维数 m 表示末端执行器自由度个数，q 的维数 n 表示关节个数。在机械臂控制系统中，通过 $J(q)$ 可以求取末端执行器的角速度或线速度。

5.2.2 被控对象误差动态方程

为便于对上述系统进行分析和综合，引入如下非仿射多输入多输出系统：

$$\begin{cases} \ddot{x} = f(x,u) \pm f_d(x,t) \\ y = x \end{cases} \tag{5-4}$$

式中，系统状态向量 $x = [x_1, \cdots, x_n]^T \in \mathrm{R}^n$；控制输入向量 $u = [u_1, \cdots, u_l]^T \in \mathrm{R}^l$；系统输出 $y = [y_1, \cdots, y_n]^T \in \mathrm{R}^n$。与式 (4-19) 定义类似，$f(\cdot) = [f_1(\cdot), \cdots, f_n(\cdot)]^T \in \mathrm{R}^n$ 和 $f_d(x,t) = [f_{d1}, \cdots, f_{dn}]^T \in \mathrm{R}^n$ 分别表示未知光滑非线性函数向量和不确定外界扰动或子系统故障引起的额外跳变。

本节控制目标为构建基于 MSAE-NN 的智能控制器 u，使上述 MIMO 系统的

输出 y 渐近跟踪给定的理想轨迹 $y_d = [y_{d1}, \cdots, y_{dn}]^T \in \mathbf{R}^n$，即当 $t \to \infty$ 时，$\|y - y_d\| \to 0$。

假设 5-1：理想轨迹 y_d 及其一阶导数 $\dot{y}_d$ 有界，即存在已知正常数 $Y_0 \geqslant 0$ 和 $Y_1 \geqslant 0$，使得 $\|y_d\| \leqslant Y_0$ 且 $\|\dot{y}_d\| \leqslant Y_1$。同时，系统状态向量 x 可测。

备注 5-1：假设 5-1 常被视为控制器设计中的公认条件。当系统状态不完全可测时，需要进一步构建状态观测器。在噪声环境下的观测器设计问题可以利用卡尔曼滤波技术解决，故不在本章讨论范畴。

根据中值定理[174]可知，存在 $\overline{u}_{kj} \in (0, u_j)$（$k = 1, \cdots, n; j = 1, \cdots, l$），使得非仿射函数 $f_k(\cdot)$ 满足

$$f_k(x, u) = f_k(x, 0) + b_k(x, \overline{u}_k)u \tag{5-5}$$

且 $\overline{u}_k = [\overline{u}_{k1}, \cdots, \overline{u}_{kl}]^T \in \mathbf{R}^l$，$b_k(\cdot) = [\partial f_k(x, \overline{u}_k) / \partial u_1, \cdots, \partial f_k(x, \overline{u}_k) / \partial u_l] \in \mathbf{R}^{1 \times l}$。

定义跟踪误差 $e(t) = y - y_d = [e_1, \cdots, e_n]^T$。取 $\beta > 0$ 为一已知常数。与前几章类似，定义滤波误差向量：

$$s(t) = \dot{e} + \beta e \tag{5-6}$$

其关于时间的导数为

$$\dot{s}(t) = \ddot{e} + \beta \dot{e} = \ddot{y} - \ddot{y}_d + \beta(\dot{y} - \dot{y}_d) = L(x, t) + B(x, U)u \tag{5-7}$$

其中，不确定性项 $L(\cdot)$ 表示为

$$L(\cdot) = f(x, 0) \pm f_d(x, t) + Y_d \tag{5-8}$$

且 $Y_d = \beta(\dot{y} - \dot{y}_d) - \ddot{y}_d$。虚拟控制增益矩阵 $B(\cdot) = [b_1^T, \cdots, b_l^T]^T \in \mathbf{R}^{n \times l}$，中间变量 $U = [\overline{u}_1, \cdots, \overline{u}_n]^T \in \mathbf{R}^{l \times n}$。在实际应用时，由于无法准确获取并使用 $L(\cdot)$、$B(\cdot)$ 的信息，很难直接基于二者设计相应控制方案。当 $B(\cdot)$ 为非方矩阵时，控制器设计将变得更为复杂。鉴于此，讨论两种情形。

情形 1：$B(\cdot)$ 为未知且非必须对称型方阵。控制器唯一可用信息是 $(B + B^T) / 2$ 为正定或负定，且本章考虑为正定的情况。不难得知，正定 $(B + B^T) / 2$ 的最小特征值恒正，故存在某未知正常数 ω 使得

$$\min\left\{ \text{eigen}\left[\frac{B(\cdot) + B(\cdot)^T}{2} \right] \right\} \geqslant \omega > 0 \tag{5-9}$$

情形 2：$B(\cdot)$ 为部分已知的非方矩阵，故可将其解耦表示为

$$B(x, U) = A(x)M(x, U) \tag{5-10}$$

式中，$A(\cdot) \in \mathbf{R}^{n \times l}$ 为已知有界的行满秩矩阵；$M(\cdot) \in \mathbf{R}^{l \times l}$ 为完全未知且非必须对称型方阵。

已知 $A(M + M^T)A^T / 2$ 为对称且正定，故存在某未知正常数 ν 使得

$$\frac{1}{\|A\|} \min\left\{ \text{eigen}\left(\frac{A[M(\cdot) + M(\cdot)]A^T}{2} \right) \right\} \geqslant \nu > 0 \tag{5-11}$$

备注 5-2：式(5-9)和式(5-11)关乎系统的能控性。式(5-9)常用于情形 1 的控制器设计[175]，而 $B(\cdot)$ 是非方矩阵的情形 2 则更符合一般场景，式(5-11)的条件也更适用于许多实际工程系统[160]。即便如此，跟踪控制器的设计问题依然具有很大挑战性，一方面在于不确知的 $B(\cdot)$ 和 $M(\cdot)$，另一方面在于不可计算的 ω 和 ν，因此有必要设计能够独立于 $L(\cdot)$、$B(\cdot)$、ω、ν 的专用控制方案。

5.3　面向机器人系统的 MSAE-NN 模型

首先，回顾基于传统 NN 的非线性系统控制方法。一般采用以下 NN 模型对系统未知非线性项 $L(\cdot)$ 进行学习/重构，即

$$L(z) = W^{*\mathrm{T}}\Phi(z) + \varepsilon(z) \tag{5-12}$$

式中，网络神经元个数为 m；理想权值矩阵 $W^* \in \mathrm{R}^{n \times m}$；激活函数(基函数)向量 $\Phi(z) \in \mathrm{R}^m$；重构误差向量 $\varepsilon(z) \in \mathrm{R}^n$。

为确保近似的有效性，要求 NN 训练输入向量 z 处于某一固定紧集 Ω_z 内。根据第 4 章的分析可知，采用上述 NN 渐近器补偿系统非线性存在如下问题。

(1)网络所含神经元个数无法根据系统的实际表现进行自动调整。冗余神经元数过多造成运算资源浪费，神经元数过少则难以发挥 NN 的学习能力。

(2)理想权值恒定即不具有时变性，在未知扰动存在时会严重影响重构精度。

(3)基函数结构形态单一，其结构参数的选取过程不仅过于烦琐，而且参数本身不具有在线更新能力。

(4)由于万能逼近定理要求待重构函数具有连续性，因此对于形如式(5-1)或式(5-4)的具有不连续跳变的不确定系统，式(5-12)将不再直接成立。

(5)NN 作为控制器补偿单元的有效性与紧集先决条件的满足密切相关。若不能严格确保紧集条件的成立，不仅会使 NN 失效，还可能破坏系统的平稳安全运行。

不难看出，这些关于 NN 的应用局限性问题在 MIMO 系统中会暴露得更加明显，因此有必要对 NN 模型加以优化改进，使其能够以更高效实用的方式应用于机器人系统的控制中。

第 4 章提出一种改进型神经网络，即多内涵自调节型神经网络。为简化表达，本章采用如下形式：

$$F_{\mathrm{MSAE\text{-}NN}}^* = \sum_{i=1}^{L} \sum_{j=1}^{m_i(t)} \widehat{\phi}_{i,j}(z) \cdot w_{i,j}^*(t) \tag{5-13}$$

具体符号说明见 4.3 节。下面介绍 MSAE-NN 在 MIMO 系统中的应用。

式(5-8)中的集总非线性项 $L(\cdot)$ 为 n 维向量且含跳变分量。为使用 MSAE-NN，引入如下宽松假设。

假设 5-2：存在未知连续函数 $\eta(x,t)$，使得不连续函数向量 $L_f(\cdot)=f(x,0)\pm f_d(x,t)$ 的 L_2 范数满足 $\|L_f(\cdot)\|\leqslant\eta(x,t)$。

与式(4-31)的推导类似，采用 MSAE-NN 对 $L(\cdot)$ 的 L_2 范数上界进行重构，即

$$\|L(\cdot)\|=\|f(x,0)\pm f_d(x,t)+Y_d\|$$
$$\leqslant\|L_f(\cdot)\|+\|Y_d\|\leqslant\eta(x,t)+\|Y_d\| \tag{5-14}$$
$$=F_{\text{MSAE-NN}}^*+\varepsilon(z)=\varPhi^{\mathrm{T}}(z)W_\varepsilon(z,t)$$

式中，$z=[y^{\mathrm{T}},Y_d^{\mathrm{T}}]^{\mathrm{T}}$，$\varPhi(z)=[\hat{\phi}_{1,1}(z),\cdots,\hat{\phi}_{L,m_L}(z),1]^{\mathrm{T}}$，$W_\varepsilon(\cdot)=[w_{1,1}^*(t),\cdots,w_{L,m_L}^*(t),\varepsilon(z)]^{\mathrm{T}}$，且有重构误差 $|\varepsilon(z)|<\varepsilon_c<\infty$。又因为 $w_{i,j}^*(t)$ 和 $\varepsilon(z)$ 有界，故存在未知常量 w_ε，使得

$$\|W_\varepsilon(z,t)\|\leqslant w_\varepsilon \tag{5-15}$$

因此，可以利用 w_ε 的估计值 $\hat{w}_\varepsilon$ 来设计基于 MSAE-NN 的 MIMO 系统控制器，而无须估计 $W_\varepsilon(\cdot)$ 或已知 w_ε 的真实值。

5.4　仿生学习控制器设计

对于含有 n 个旋转关节的全驱机械臂，其控制任务一般分为两类：①基于关节空间的轨迹跟踪；②基于笛卡儿任务空间的轨迹跟踪。本节将分别针对这两类任务设计基于 MSAE-NN 的仿生自适应控制器。

5.4.1　关节空间控制方案

在关节空间中，系统状态向量为机械臂关节角位移(即 $x=q$)，其维数 $\dim(x)$ 和控制器维数 $\dim(u)$ 与机械臂关节个数相同，即 $n=\dim(x)=\dim(u)=l$。

给定理想关节角度轨迹 $q_d(t)\in\mathrm{R}^n$，则关节角位移跟踪误差向量表示为

$$e_J=q-q_d\in\mathrm{R}^n \tag{5-16}$$

根据式(5-6)和式(5-7)可得滤波误差 $s_J(t)$ 及其动特性 $\dot{s}_J(t)$：

$$s_J(t)=\dot{e}_J+\beta e_J \tag{5-17}$$

$$\dot{s}_J(t)=\ddot{e}_J+\beta\dot{e}_J=\ddot{q}-\ddot{q}_d+\beta(\dot{q}-\dot{q}_d)$$
$$=\underbrace{D(\cdot)^{-1}\big(\tau(q,0)-C(\cdot)\dot{q}-G(\cdot)-F(\cdot)\pm\delta(t)\big)+\beta\dot{q}-\beta\dot{q}_d-\ddot{q}_d}_{L(\cdot)\in\mathrm{R}^n} \tag{5-18}$$

$$+\underbrace{D(\cdot)^{-1}\frac{\partial\tau(q,U)}{\partial u}u}_{B(\cdot)\in\mathrm{R}^{n\times n}}$$

不难推测，即使 $B(\cdot)$ 和 $L(\cdot)$ 可以通过烦琐的建模过程得到，也会使整个控制器的结构过于复杂，尤其是当 $n\geqslant3$ 时，控制器的综合难度将急剧增加。式(5-18)

中 $B(\cdot)$ 为 n 阶方阵。结合 5.2.2 节的情形 1，总结如下定理。

定理 5-1： 考虑式 (5-4) 的非仿射 MIMO 系统及式 (5-18) 的滤波跟踪误差动特性，虚拟控制增益矩阵 $B(\cdot)$ 使得 $(B+B^{\mathrm{T}})/2$ 为正定对称矩阵。采用式 (5-13) 的 MSAE-NN 渐近器以及 4.2.2 节的神经元在线自调节方案，控制律为

$$u = -k_0 s_J - \frac{s_J \sum_{i=1}^{L} \sum_{j=1}^{m_i(t)} \widehat{\phi}_{i,j}^2(\overline{z}) \hat{w}_\varepsilon}{\vartheta\left(\beta_1^2 - \|s_J\|^2\right) + \|s_J\| \cdot \|\Phi(z)\|} \tag{5-19}$$

以及虚拟参数估计 $\hat{w}_\varepsilon$ 的自适应律

$$\dot{w}_\varepsilon = -\gamma_0 \hat{w}_\varepsilon + \frac{\|s_J\|^2}{\left(\beta_1^2 - \|s_J\|^2\right)} \cdot \frac{\gamma_1 \sum_{i=1}^{L} \sum_{j=1}^{m_i(t)} \widehat{\phi}_{i,j}^2(\overline{z})}{\vartheta\left(\beta_1^2 - \|s_J\|^2\right) + \|s_J\| \cdot \|\Phi(z)\|} \tag{5-20}$$

其中，控制参数 $k_0 > 0$，$\vartheta > 0$，$\beta_1 > \|s_J(0)\|$，$\gamma_0 > 0$，$\gamma_1 > 0$，则系统具有以下特性：

(1) 当 $t \to \infty$ 时，$\|s_J(t)\| \leqslant \beta_1 \sqrt{\varpi_2 / (\varpi_2 + k_0 \omega)}$，且 $\varpi_2 = w_\varepsilon^2 \gamma_0 / (2\gamma_1 \omega) + w_\varepsilon \vartheta$。

(2) 虚拟参数估计偏差 $\tilde{w}_\varepsilon = w_\varepsilon - \omega \hat{w}_\varepsilon$，满足 $|\tilde{w}_\varepsilon| \leqslant \sqrt{w_\varepsilon^2 + 2\gamma_1 \gamma_0^{-1} \omega w_\varepsilon \vartheta}$。

(3) $\forall t \geqslant 0$，$\|s_J(t)\| < \beta_1$，且 MSAE-NN 的输入 z 始终被限制在固定紧集

$$\Omega_Z := \left\{ z \mid \|z\| < \sqrt{1 + Y_0 + Y_1} \right\} \tag{5-21}$$

(4) 所有闭环信号为全局最终一致有界。

证明如下。

构造受限李雅普诺夫函数

$$V(t) = V_b(t) + \frac{1}{2\gamma_1 \omega} \tilde{w}_\varepsilon^2 = \frac{1}{2} \ln \frac{\beta_1^2}{\beta_1^2 - s_J^{\mathrm{T}} s_J} + \frac{1}{2\gamma_1 \omega} \tilde{w}_\varepsilon^2 \tag{5-22}$$

求 $V(t)$ 关于时间的导数并代入式 (5-18) 可得

$$\dot{V}(t) = \frac{1}{\beta_1^2 - \|s_J\|^2} \left(s_J^{\mathrm{T}}(\cdot) + s_J^{\mathrm{T}} B(\cdot) u \right) - \frac{1}{\gamma_1} (w_\varepsilon - \omega \hat{w}_\varepsilon) \dot{w}_\varepsilon \tag{5-23}$$

将式 (5-19) 的控制器 u 和式 (5-20) 的自适应律 $\dot{w}_\varepsilon$ 代入，整理得到

$$
\begin{aligned}
\dot{V}(t) &= \frac{1}{\beta_1^2 - \|s_J\|^2} \left(s_J^{\mathrm{T}} L(\cdot) + s_J^{\mathrm{T}} B(\cdot) u \right) - \frac{1}{\gamma_1} (w_\varepsilon - \omega \hat{w}_\varepsilon) \dot{w}_\varepsilon \\
&= \frac{s_J^{\mathrm{T}} L(\cdot)}{\beta_1^2 - \|s_J\|^2} - \frac{k_0 s_J^{\mathrm{T}} B(\cdot) s_J}{\beta_1^2 - \|s_J\|^2} + \frac{\gamma_0 \hat{w}_\varepsilon}{\gamma_1} (w_\varepsilon - \omega \hat{w}_\varepsilon) \\
&\quad - \frac{s_J^{\mathrm{T}} B(\cdot) s_J}{\beta_1^2 - \|s_J\|^2} \cdot \frac{\sum_{i=1}^{L} \sum_{j=1}^{m_i(t)} \widehat{\phi}_{i,j}^2(z) \hat{w}_\varepsilon}{\vartheta\left(\beta_1^2 - \|s_J\|^2\right) + \|s_J\| \cdot \|\Phi(z)\|} \\
&\quad - \frac{\tilde{w}_\varepsilon \|s_J\|^2}{\left(\beta_1^2 - \|s_J\|^2\right)^2} \cdot \frac{\sum_{i=1}^{L} \sum_{j=1}^{m_i(t)} \widehat{\phi}_{i,j}^2(z)}{\vartheta\left(\beta_1^2 - \|s_J\|^2\right) + \|s_J\| \cdot \|\Phi(z)\|}
\end{aligned}
\tag{5-24}
$$

利用 MSAE-NN 对 $\|L(\cdot)\|$ 的上界重构，并将式 (5-14) 和式 (5-15) 代入式 (5-24)，$\dot{V}(t)$ 放缩为

$$
\begin{aligned}
\dot{V}(t) \leqslant &-\frac{k_0 s_J^{\mathrm{T}} B(\cdot) s_J}{\beta_1^2 - \|s_J\|^2} + \frac{\|s_J\| \|\Phi(z)\| w_\varepsilon}{\beta_1^2 - \|s_J\|^2} + \frac{\gamma_0 \hat{w}_\varepsilon}{\gamma_1}(w_\varepsilon - \omega \hat{w}_\varepsilon) \\
&- \frac{s_J^{\mathrm{T}} B(\cdot) s_J}{\beta_1^2 - \|s_J\|^2} \cdot \frac{\hat{w}_\varepsilon \sum_{i=1}^{L} \sum_{j=1}^{m_i(t)} \hat{\phi}_{i,j}^2(z)}{\vartheta\left(\beta_1^2 - \|s_J\|^2\right) + \|s_J\| \cdot \|\Phi(z)\|} \\
&- (w_\varepsilon - \omega \hat{w}_\varepsilon) \frac{\|s_J\|^2}{\left(\beta_1^2 - \|s_J\|^2\right)^2} \cdot \frac{\sum_{i=1}^{L} \sum_{j=1}^{m_i(t)} \hat{\phi}_{i,j}^2(z)}{\vartheta\left(\beta_1^2 - \|s_J\|^2\right) + \|s_J\| \cdot \|\Phi(z)\|}
\end{aligned}
\tag{5-25}
$$

由于 $B(\cdot)$ 为任意 n 阶方阵，故 $B(\cdot) - B(\cdot)^{\mathrm{T}}$ 为反对称矩阵。根据反对称矩阵的性质可知，对于任意 n 维向量 ξ，均有 $\xi^{\mathrm{T}} B(\cdot) \xi = 0$。因此对于滤波误差向量 s_J，同样满足

$$
\begin{aligned}
-s_J^{\mathrm{T}} B(\cdot) s_J &= -s_J^{\mathrm{T}} \frac{B(\cdot) + B(\cdot)^{\mathrm{T}}}{2} s_J - s_J^{\mathrm{T}} \underbrace{\frac{B(\cdot) - B(\cdot)^{\mathrm{T}}}{2}}_{\text{反对称矩阵}} s_J \\
&= -s_J^{\mathrm{T}} \frac{B(\cdot) + B(\cdot)^{\mathrm{T}}}{2} s_J \leqslant -\omega \|s_J\|^2
\end{aligned}
\tag{5-26}
$$

又因为 $\sum_{i=1}^{L} \sum_{j=1}^{m_i(t)} \hat{\phi}_{i,j}^2(z) < \|\Phi\|^2$，并且

$$
\frac{\gamma_0}{\gamma_1} \tilde{w}_\varepsilon \hat{w}_\varepsilon \leqslant -\frac{\gamma_0}{2\gamma_1 \omega} \tilde{w}_\varepsilon^2 + \frac{\gamma_0}{2\gamma_1 \omega} w_\varepsilon^2
\tag{5-27}
$$

$$
0 \leqslant \frac{\|s_J\| \|\Phi\|}{\vartheta\left(\beta_1^2 - \|s_J\|^2\right) + \|s_J\| \cdot \|\Phi\|} < 1
\tag{5-28}
$$

所以，式 (5-25) 可进一步放缩为

$$
\begin{aligned}
\dot{V}(t) \leqslant &-\frac{k_0 \omega \|s_J\|^2 - \|s_J\| \|\Phi\| w_\varepsilon}{\beta_1^2 - \|s_J\|^2} - \frac{1}{\beta_1^2 - \|s_J\|^2} \cdot \frac{\omega \hat{w}_\varepsilon \|s_J\|^2 \|\Phi\|^2}{\vartheta\left(\beta_1^2 - \|s_J\|^2\right) + \|s_J\| \cdot \|\Phi\|} \\
&+ \frac{\gamma_0}{\gamma_1} \hat{w}_\varepsilon \tilde{w}_\varepsilon - \frac{1}{\left(\beta_1^2 - \|s_J\|^2\right)^2} \cdot \frac{\tilde{w}_\varepsilon \|s_J\|^2 \|\Phi\|^2}{\vartheta\left(\beta_1^2 - \|s_J\|^2\right) + \|s_J\| \cdot \|\Phi\|} \\
= &-\frac{k_0 \omega \|s_J\|^2}{\beta_1^2 - \|s_J\|^2} + \frac{\gamma_0}{\gamma_1} \hat{w}_\varepsilon \tilde{w}_\varepsilon + \frac{w_\varepsilon \|s_J\| \|\Phi\|^2 \vartheta}{\vartheta\left(\beta_1^2 - \|s_J\|^2\right) + \|s_J\| \cdot \|\Phi\|} \\
\leqslant &-\frac{k_0 \omega \|s_J\|^2}{\beta_1^2 - \|s_J\|^2} - \frac{\gamma_0}{2\gamma_1 \omega} \tilde{w}_\varepsilon^2 + \frac{\gamma_0}{2\gamma_1 \omega} w_\varepsilon^2 + w_\varepsilon \vartheta \\
= &-\frac{k_0 \omega \|s_J\|^2}{\beta_1^2 - \|s_J\|^2} - \frac{\gamma_0}{2\gamma_1 \omega} \tilde{w}_\varepsilon^2 + \varpi_2
\end{aligned}
\tag{5-29}
$$

由于 $-\gamma_0 \tilde{w}_\varepsilon^2 / (2\gamma_1 \omega) \leqslant 0$，故式(5-29)还可被表示为

$$\dot{V}(t) \leqslant -\frac{k_0 \omega \|s_J\|^2}{\beta_1^2 - \|s_J\|^2} + \varpi_2 \tag{5-30}$$

结合式(5-29)和式(5-30)可得出结论，当 $\dot{V}(t) < 0$ 时，满足 $s_J^{\mathrm{T}} s_J > \beta_1^2 \varpi_2 /$ $(\varpi_2 + k_0 \omega)$ 或 $\tilde{w}_\varepsilon^2 > w_\varepsilon^2 + 2\gamma_1 \gamma_0^{-1} \omega w_\varepsilon \vartheta$。换言之，$s_J(t)$ 与 $\tilde{w}_\varepsilon$ 始终满足 $\|s_J(t)\| \leqslant \beta_1 \sqrt{\varpi_2 / (\varpi_2 + k_0 \omega)}$ 和 $|\tilde{w}_\varepsilon| \leqslant \sqrt{w_\varepsilon^2 + 2\gamma_1 \gamma_0^{-1} \omega w_\varepsilon \vartheta}$。定理5-1(1)和(2)得证。

将式(5-22)代入式(5-29)，有

$$\dot{V}(t) \leqslant -\varpi_1 V(t) + \varpi_2 \tag{5-31}$$

且 $\varpi_1 = \min\{k_0 \omega, \gamma_0\} > 0$，$\varpi_2 = w_\varepsilon^2 \gamma_0 / (2\gamma_1 \omega) + w_\varepsilon \vartheta$。由此可知，$V(t)$ 与 $V_b(t)$ 有界，故 $\|s_J(t)\| \leqslant \beta_1$ 成立，存在固定紧集 $\Omega_z = \left\{z(t) \mid \|z(t)\| < \sqrt{1 + Y_0 + Y_1}\right\}$，使得对于所有 $t \geqslant 0$，MSAE-NN 的输入 $z(t)$ 始终保持在 Ω_z 中。定理5-1(3)得证。同时，由 $V \in L_\infty$ 可知 $s_J \in L_\infty$ 且 $\hat{w}_\varepsilon \in L_\infty$，故根据式(5-19)有 $u \in L_\infty$。因此，系统所有内部闭环信号为全局最终一致有界，定理5-1(4)得证。定理5-1得证。

5.4.2　笛卡儿任务空间控制方案

在笛卡儿任务空间中，系统状态向量为机械臂末端执行器位姿(即 $x = p \in \mathbf{R}^m$)。并且对于全驱机械臂，其关节数 n 等于控制器维数 $\dim(u)$ (即 $n = l$)，状态向量维数 $\dim(p)$ 不大于控制器维数 $\dim(u)$ (即 $m \leqslant l$)。

给定末端执行器理想位姿 $p_d(t) \in \mathbf{R}^m$，则其位姿跟踪误差向量表示为

$$e_C = p - p_d \in \mathbf{R}^m \tag{5-32}$$

根据式(5-6)和式(5-7)可得滤波误差 $s_C(t)$ 及其动特性 $\dot{s}_C(t)$：

$$s_C(t) = \dot{e}_C + \beta e_C \tag{5-33}$$

$$
\begin{aligned}
\dot{s}_C(t) = \ddot{e}_C + \beta \dot{e}_C &= \ddot{p} - \ddot{p}_d + \beta(\dot{p} - \dot{p}_d) = L(\cdot) + B(\cdot)u \\
&= \underbrace{\begin{array}{l} -J(q)D(\cdot)^{-1}\left(C(\cdot)\dot{q} - \tau(q,0)\right) + \left(\beta J(q) + \dot{J}(q)\right)\dot{q} \\ -J(q)D(\cdot)^{-1}\left(G(\cdot) + F(\cdot) \pm \delta(t)\right) - \ddot{p}_d - \beta \dot{p}_d \end{array}}_{L(\cdot) \in \mathbf{R}^m} \\
&\quad + \underbrace{J(q)D(\cdot)^{-1}\frac{\partial \tau(q,U)}{\partial u}u}_{B(\cdot) \in \mathbf{R}^{m \times l}}
\end{aligned} \tag{5-34}
$$

显然，当 $m < l$ 时，$B(\cdot)$ 为非方矩阵。结合5.2.2节给出的情形2，$B(\cdot)$ 可被分解为两矩阵相乘形式，即 $B(\cdot) = AM$，并且符合行满秩矩阵 $A = J(q) \in \mathbf{R}^{m \times l}$，正定对称方阵 $M = D(\cdot)^{-1} \partial \tau(q,U) / \partial u \in \mathbf{R}^{l \times l}$，从而式(5-11)成立。故可总结如下定理。

定理5-2：考虑式(5-4)的非仿射 MIMO 系统，以及式(5-34)的滤波跟踪误差

动特性，虚拟控制增益矩阵 $B(\cdot)$ 为非方矩阵，满足 $B(\cdot) = AM$ ，且满秩矩阵 $A = J(q) \in \mathbb{R}^{m \times l}$ ，正定对称方阵 $M = D(\cdot)^{-1} \partial \tau(q, U) / \partial u \in \mathbb{R}^{l \times l}$ 。采用式 (5-13) 的 MSAE-NN 渐近器以及 4.2.2 节的神经元在线自调节方案，控制律

$$u = -\frac{J^{\mathrm{T}}}{\|J\|}\left(k_0 s_C + \frac{s_C \sum_{i=1}^{L} \sum_{j=1}^{m_i(t)} \hat{\phi}_{i,j}^2(\overline{z}) \hat{w}_\varepsilon}{\vartheta \left(\beta_1^2 - \|s_C\|^2 \right) + \|s_C\| \cdot \|\Phi(z)\|} \right) \tag{5-35}$$

以及虚拟参数估计 $\hat{w}_\varepsilon$ 的自适应律

$$\dot{\hat{w}}_\varepsilon = -\gamma_0 \hat{w}_\varepsilon + \frac{\|s_C\|^2}{\left(\beta_1^2 - \|s_C\|^2 \right)} \cdot \frac{\gamma_1 \sum_{i=1}^{L} \sum_{j=1}^{m_i(t)} \hat{\phi}_{i,j}^2(\overline{z})}{\vartheta \left(\beta_1^2 - \|s_C\|^2 \right) + \|s_C\| \cdot \|\Phi(z)\|} \tag{5-36}$$

其中，控制参数 $k_0 > 0$ ，$\vartheta > 0$ ，$\beta_1 > \|s_C(0)\|$ ，$\gamma_0 > 0$ ，$\gamma_1 > 0$ ，则系统具有以下特性。

(1) 当 $t \to \infty$ 时，$\|s_C(t)\| \leq \beta_1 \sqrt{\varpi_2 / (\varpi_2 + k_0 v)}$ 且 $\varpi_2 = w_\varepsilon^2 \gamma_0 / (2\gamma_1 v) + w_\varepsilon \vartheta$ 。

(2) 虚拟参数估计偏差 $\tilde{w}_\varepsilon = w_\varepsilon - v\hat{w}_\varepsilon$ ，满足 $|\tilde{w}_\varepsilon| \leq \sqrt{w_\varepsilon^2 + 2\gamma_1 \gamma_0^{-1} v w_\varepsilon \vartheta}$ 。

(3) $\forall t \geq 0$ ，$\|s_C(t)\| < \beta_1$ ，且 MSAE-NN 的输入 z 始终被限制在固定紧集

$$\Omega_z := \left\{ z \mid \|z\| < \sqrt{1 + Y_0 + Y_1} \right\} \tag{5-37}$$

(4) 所有闭环信号为全局最终一致有界。

证明如下。

引入式 (5-11) 定义的未知常参 v 来建立新的虚拟参数误差估计 $\tilde{w}_\varepsilon = w_\varepsilon - v\hat{w}_\varepsilon$ ，并用其构造如下李雅普诺夫函数：

$$V(t) = V_b(t) + \frac{1}{2\gamma_1 \omega} \tilde{w}_\varepsilon^2 = \frac{1}{2} \ln \frac{\beta_1^2}{\beta_1^2 - s_C^{\mathrm{T}} s_C} + \frac{1}{2\gamma_1 v} \tilde{w}_\varepsilon^2 \tag{5-38}$$

对式 (5-38) 求时间导数并代入式 (5-34) 可得

$$\dot{V}(t) = \frac{1}{\beta_1^2 - \|s_C\|^2} \left(s_C^{\mathrm{T}}(\cdot) + s_C^{\mathrm{T}} B(\cdot) u \right) - \frac{1}{\gamma_1} \tilde{w}_\varepsilon \dot{\hat{w}}_\varepsilon \tag{5-39}$$

将式 (5-35) 的控制器 u 和式 (5-36) 的自适应律 $\dot{\hat{w}}_\varepsilon$ 代入，整理有

$$\begin{aligned} \dot{V}(t) &= \frac{1}{\beta_1^2 - \|s_C\|^2} \left(s_C^{\mathrm{T}} L(\cdot) + s_C^{\mathrm{T}} B(\cdot) u \right) - \frac{1}{\gamma_1} \tilde{w}_\varepsilon \dot{\hat{w}}_\varepsilon \\ &= \frac{s_C^{\mathrm{T}} L(\cdot)}{\beta_1^2 - \|s_C\|^2} - \frac{k_0 s_C^{\mathrm{T}} J M J^{\mathrm{T}} s_J}{\|J\| \left(\beta_1^2 - \|s_C\|^2 \right)} + \frac{\gamma_0}{\gamma_1} \hat{w}_\varepsilon \tilde{w}_\varepsilon \\ &\quad - \frac{s_C^{\mathrm{T}} J M J^{\mathrm{T}} s_C}{\|J\| \left(\beta_1^2 - \|s_J\|^2 \right)} \cdot \frac{\sum_{i=1}^{L} \sum_{j=1}^{m_i(t)} \hat{\phi}_{i,j}^2(z) \hat{w}_\varepsilon}{\vartheta \left(\beta_1^2 - \|s_C\|^2 \right) + \|s_C\| \cdot \|\Phi(z)\|} \\ &\quad - \frac{\tilde{w}_\varepsilon \|s_C\|^2}{\left(\beta_1^2 - \|s_C\|^2 \right)} \cdot \frac{\sum_{i=1}^{L} \sum_{j=1}^{m_i(t)} \hat{\phi}_{i,j}^2(z)}{\vartheta \left(\beta_1^2 - \|s_C\|^2 \right) + \|s_C\| \cdot \|\Phi(z)\|} \end{aligned} \tag{5-40}$$

利用 MSAE-NN 对 $\|L(\cdot)\|$ 的上界重构，$\dot{V}(t)$ 可放缩为

$$
\begin{aligned}
\dot{V}(t) \leqslant & -\frac{k_0 s_C^{\mathrm{T}} J M J^{\mathrm{T}} s_C}{\|J\|\left(\beta_1^2 - \|s_C\|^2\right)} + \frac{\|s_C\|\|\Phi(z)\|w_\varepsilon}{\beta_1^2 - \|s_C\|^2} + \frac{\gamma_0}{\gamma_1}\hat{w}_\varepsilon \tilde{w}_\varepsilon \\
& -\frac{s_C^{\mathrm{T}} J M J^{\mathrm{T}} s_C}{\|J\|\left(\beta_1^2 - \|s_J\|^2\right)} \cdot \frac{\hat{w}_\varepsilon \sum_{i=1}^{L}\sum_{j=1}^{m_i(t)}\hat{\phi}_{i,j}^2(z)}{\vartheta\left(\beta_1^2 - \|s_C\|^2\right) + \|s_C\|\cdot\|\Phi(z)\|} \\
& -\frac{\tilde{w}_\varepsilon \|s_C\|^2}{\left(\beta_1^2 - \|s_C\|^2\right)} \cdot \frac{\sum_{i=1}^{L}\sum_{j=1}^{m_i(t)}\hat{\phi}_{i,j}^2(z)}{\vartheta\left(\beta_1^2 - \|s_C\|^2\right) + \|s_C\|\cdot\|\Phi(z)\|}
\end{aligned}
\tag{5-41}
$$

$J(M+M^{\mathrm{T}})J^{\mathrm{T}}/2$ 为正定对称型，根据反对称矩阵性质同理可知，对于滤波误差向量 s_C，满足

$$
\begin{aligned}
-\frac{1}{\|J\|}s_C^{\mathrm{T}} J M J^{\mathrm{T}} s_C = & -\frac{1}{\|J\|}s_C^{\mathrm{T}}\frac{JMJ^{\mathrm{T}} + (JMJ^{\mathrm{T}})^{\mathrm{T}}}{2}s_C \\
& -\frac{1}{\|J\|}s_C^{\mathrm{T}}\underbrace{\frac{JMJ^{\mathrm{T}} - (JMJ^{\mathrm{T}})^{\mathrm{T}}}{2}}_{\text{反对称矩阵}}s_C \\
= & -\frac{1}{\|J\|}s_C^{\mathrm{T}}\frac{JMJ^{\mathrm{T}} + (JMJ^{\mathrm{T}})^{\mathrm{T}}}{2}s_C \leqslant -v\|s_C\|^2
\end{aligned}
\tag{5-42}
$$

因此，可进一步得到

$$
\begin{aligned}
\dot{V}(t) \leqslant & -\frac{k_0 v\|s_C\|^2}{\beta_1^2 - \|s_C\|^2} + \frac{\gamma_0}{\gamma_1}\hat{w}_\varepsilon \tilde{w}_\varepsilon + \frac{w_\varepsilon \|s_C\|\|\Phi\|^2 \vartheta}{\vartheta\left(\beta_1^2 - \|s_C\|^2\right) + \|s_C\|\cdot\|\Phi\|} \\
\\
\leqslant & -\frac{k_0 v\|s_C\|^2}{\beta_1^2 - \|s_C\|^2} - \frac{\gamma_0}{2\gamma_1 v}\tilde{w}_\varepsilon^2 + \frac{\gamma_0}{2\gamma_1 v}w_\varepsilon^2 + w_\varepsilon \vartheta
\end{aligned}
\tag{5-43}
$$

令 $\varpi_1 = \min\{k_0 v, \gamma_0\} > 0$，$\varpi_2 = w_\varepsilon^2 \gamma_0 / (2\gamma_1 v) + w_\varepsilon \vartheta$，则式 (5-43) 可改写为

$$
\dot{V}(t) \leqslant -\varpi_1 V(t) + \varpi_2
\tag{5-44}
$$

或

$$
\dot{V}(t) \leqslant -\frac{k_0 v\|s_C\|^2}{\beta_1^2 - \|s_C\|^2} + \varpi_2
\tag{5-45}
$$

与定理 5-1 的分析类似，容易证明 $s_C(t)$ 与 $\tilde{w}_\varepsilon$ 始终满足 $\|s_C(t)\| \leqslant \beta_1\sqrt{\varpi_2/(\varpi_2 + k_0 v)}$ 和 $|\tilde{w}_\varepsilon| \leqslant \sqrt{w_\varepsilon^2 + 2\gamma_1 \gamma_0^{-1} v w_\varepsilon \vartheta}$，并且存在固定紧集 $\Omega_z = \{z(t) \mid \|z(t)\| < \sqrt{1 + Y_0 + Y_1}\}$，使得对于所有 $t \geqslant 0$，MSAE-NN 的输入 $z(t)$ 始终保持在 Ω_z 中。同时，可得到结论 $V, V_b, s_C, \hat{w}_\varepsilon, u \in L_\infty$，即所有系统闭环信号全局最终一致有界。定理 5-2 得证。

5.4.3　BLAC 特性讨论

前面依次提出了基于关节控制与笛卡儿任务空间的机械臂控制方案，本节将从四个方面进一步阐述这两种方案的优越特性。

(1)关于虚拟参数估计误差。定理 5-1 和定理 5-2 中所定义的虚拟参数估计误差 $\tilde{w}_\varepsilon$ 并非传统的 "$\bullet - \hat{\bullet}$" 形式，而是 "$\bullet - \kappa \hat{\bullet}$" 的形式。关节空间中，$\kappa = \omega$；任务空间中，$\kappa = \nu$。有趣的是，这一定义不仅充分利用 κ 的特性[如式(5-9)和式(5-10)]辅助完成了控制方案的稳定性证明，而且巧妙地避免了在控制器中应用 κ 这一参数。在实际应用场景中，矩阵 $B(\cdot)$ 或 $M(\cdot)$ 的未知性和复杂度将使得计算 κ 变得相当困难，而本章所提的两个控制方案无须获取 κ 的信息，因此在很大程度上降低了控制器开发和综合的难度。

(2)关于控制参数。控制方案涉及对 k_0、ϑ、γ_0、γ_1 的选取，在理论上这些参数可由设计者相对任意地选取。注意到，跟踪误差与 ϑ 和 γ_0 成正比而与 k_0 和 γ_1 成反比，所以一般通过减小 ϑ 和 γ_0 或者增大 k_0 和 γ_1 可以提高控制精度，但这有可能导致控制力输出过大而饱和。因此，为了在控制力与控制性能间达到最优匹配，参数的选取需要结合系统的实际控制指标。

(3)关于控制器结构。本章提出的两种 BLAC 方案(定理 5-1 和定理 5-2)由两部分构成，即常规反馈单元以及基于 MSAE-NN 的自适应单元。常规反馈单元的控制增益 k_0 在系统运行期间不可自动调节，基于 MSAE-NN 的自适应单元的增益随时间自动调节并且与跟踪误差的开方成正比。对于较大的跟踪误差，神经自适应单元可以起到很好的补偿作用。随着误差的减小，补偿力则会逐渐减小。在系统存在高度非线性和严重不确定性时，所提的控制方案仍具备结构简单、运算成本低、便于集成等优势。

(4)关于 MSAE-NN 学习能力。结合受限李雅普诺夫分析方法，本章设计的 BLAC 策略充分考虑了紧集条件，可以确保 NN 输入在系统运行期内始终处于一确定紧集内，从而安全有效地发挥 NN 的万能近似/学习能力。通过采用第 4 章所构建的多内涵自调节 NN 模型，本章控制器中包含的神经元个数能够根据系统当前表现自动增减，避免因人工设置过多或过少神经元而对系统造成的负面影响(如运算负担过大或失去近似能力)。同时，通过引入时变理想权值和多元化的激活函数(基函数)，使得 NN 能够学习不连续且时变的复杂非线性函数。综上所述，基于 MSAE-NN 的自适应单元在确保系统跟踪误差方面具有独特的贡献。

5.5　仿　真　验　证

本节以含有三个旋转关节的三连杆平面机械臂为被控系统(图 5-1)，验证

BLAC 方法在 MIMO 系统上的有效性。该机械臂系统动力学方程为[44, 140]

$$D(q)\ddot{q}+C(q,\dot{q})\dot{q}+G(q)+F(\dot{q})\pm\delta(t)=\tau(u) \tag{5-46}$$

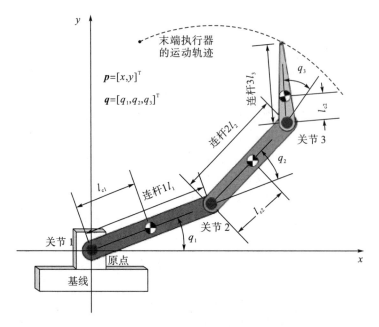

图 5-1　三连杆旋转关节平面机械臂

$$D(\cdot)=\begin{bmatrix}D_{11}&D_{12}&D_{13}\\D_{21}&D_{22}&D_{23}\\D_{31}&D_{32}&D_{33}\end{bmatrix},\quad C(q,\dot{q})\dot{q}=H(\cdot)=\begin{bmatrix}H_1\\H_2\\H_3\end{bmatrix},\quad G(\cdot)=\begin{bmatrix}G_1\\G_2\\G_3\end{bmatrix},\quad F(\cdot)=2\begin{bmatrix}\text{sgn}(q_1)\\\text{sgn}(q_2)\\\text{sgn}(q_3)\end{bmatrix},$$

$$\delta(t)=\begin{cases}0,&0<t\leqslant2\\10\sin(10\pi t)[1,1,1]^{\mathrm{T}},&t>2\end{cases},\quad \tau(u)=\begin{bmatrix}0.8u_1+20\tanh(0.01u_1)\\0.8u_2+20\tanh(0.01u_2)\\0.8u_3+20\tanh(0.01u_3)\end{bmatrix}$$

并且有

$$\begin{cases}D_{11}=\alpha_1+\alpha_2+\alpha_4+2\alpha_3\cos q_2+2\alpha_5\cos(q_2+q_3)+2\alpha_6\cos q_3\\D_{12}=D_{21}=\alpha_2+\alpha_4+\alpha_3\cos q_2+\alpha_5\cos(q_2+q_3)+2\alpha_6\cos q_3\\D_{13}=D_{31}=\alpha_4+\alpha_5\cos(q_2+q_3)+\alpha_6\cos q_3\\D_{22}=\alpha_2+\alpha_4+2\alpha_6\cos q_3\\D_{23}=D_{32}=\alpha_4+\alpha_6\cos q_3\\D_{33}=\alpha_4\end{cases}$$

$$\begin{cases} H_1 = -\alpha_3(2\dot{q}_1+\dot{q}_2)\dot{q}_2\sin q_2 - \alpha_5(2\dot{q}_1+\dot{q}_2+\dot{q}_3)(\dot{q}_2+\dot{q}_3)\sin(q_2+q_3) \\ \qquad -\alpha_6(2\dot{q}_1+2\dot{q}_2+\dot{q}_3)\dot{q}_3\sin q_3 \\ H_2 = \alpha_3\dot{q}_1^2\sin q_2 + \alpha_5\dot{q}_1^2\sin(q_2+q_3) - \alpha_6(2\dot{q}_1+2\dot{q}_2+\dot{q}_3)\dot{q}_3\sin q_3 \\ H_3 = \alpha_5\dot{q}_1^2\sin(q_2+q_3) + \alpha_6(\dot{q}_1+\dot{q}_2)^2\sin q_3 \end{cases}$$

$$\begin{cases} G_1 = \eta_1\cos q_1 + \eta_2\cos(q_1+q_2) + \eta_3\cos(q_1+q_2+q_3) \\ G_2 = \eta_2\cos(q_1+q_2) + \eta_3\cos(q_1+q_2+q_3) \\ G_3 = \eta_3\cos(q_1+q_2+q_3) \end{cases}$$

涉及的系数 α、η 可根据表 5-1 提供的数据计算得到：

$$\begin{cases} \alpha_1 = I_1 + m_1 l_{c1}^2 + (m_2+m_3)l_1^2 \\ \alpha_2 = I_2 + m_2 l_{c2}^2 + m_3 l_2^2 \\ \alpha_3 = (m_2 l_{c2} + m_3 l_2)l_1 \end{cases} \begin{cases} \alpha_4 = I_3 + m_3 l_{c3}^2 \\ \alpha_5 = m_3 l_1 l_{c3} \\ \alpha_6 = m_3 l_2 l_{c3} \end{cases} \begin{cases} \eta_1 = g_0(m_1 l_{c1} + m_2 l_1 + m_3 l_1) \\ \eta_2 = g_0(m_2 l_{c2} + m_3 l_2) \\ \eta_3 = g_0 m_3 l_{c3} \end{cases}$$

式中，m_i 为连杆质量；l_i 为连杆长度；l_{ci} 为第 i 关节到第 i 连杆质心的距离；I_i 为第 i 连杆质心处的转动惯量；重力加速度 $g_0 = 9.8\text{m}/\text{s}^2$。

表 5-1　三连杆平面机械臂模型参数

连杆 i	连杆 1	连杆 2	连杆 3
m_i/kg	0.5	0.5	0.5
l_i/m	0.3	0.6	0.8
l_{ci}/m	0.15	0.3	0.4
I_i/(kg·m²)	1.5	1.0	0.5

本节控制目标为使机械臂连杆 3 的末端执行器在 X-Y 平面渐近跟踪半径为 1m 的圆形轨迹。不难得知，该任务属于笛卡儿空间的非方阵情形，故采用定理 5-2 给出的控制策略。

给定机器人末端执行器理想位姿为 $p_d = [x_d, y_d]^{\text{T}} = [\cos(\pi t), \sin(\pi t)]^{\text{T}}$，实际位姿 $p = [x, y]^{\text{T}}$，三个关节角度初始值为 $q(0) = [q_1, q_2, q_3]^{\text{T}} = [-18, 30, 30]^{\text{T}}$，关节角速度初始值为 $\dot{q} = [\dot{q}_1, \dot{q}_2, \dot{q}_3]^{\text{T}}$，估计虚拟参数初值 $\hat{w}_\varepsilon(0) = 0$。控制参数 $k_0 = 20$，权值学习参数 $\gamma_0 = 0.005, \gamma_1 = 100, \vartheta = 0.05$，赫尔维茨多项式参数 $\beta = 5$，受限李雅普诺夫函数的界 $\beta_1 = \|1.1 \times s_C(0)\| > \|s_C(0)\|$。MSAE-NN 的配置与 4.5.3 节一致。其中，神经元自动增减阈值因子 $\rho = 0.1$ 和 $\chi = 0.1$，网络训练输入 $z = \left[\|s_C\| / \beta_1, \|p_d\|, \|\dot{p}_d\|, \|\ddot{p}_d\|\right]^{\text{T}}$，采用升余弦函数和高斯函数共同作为神经元的基函数，并且两类基函数对应的神经元初始数量均为 5 个，即网络中共含有 10 个神经元。系统仿真总时间为 4s，控制周期 1ms。

为体现 BLAC 方法的优越特性，仿真选取三个对照组。对照组 1 为传统 PID 控制方法，并将控制增益选为与一致(虽然增大值会有助于提高 PID 方法的控制精度，但为确保对比的有效性，此处将选为与本章方法一致)；对照组 2 为采用单一升余弦基函数的自组织网络，设置初始神经元数量为 10 个，且增减阈值与 BLAC 方法的和一致；对照组 3 采用结构与参数均固定的 NN 进行控制，神经元数量设置为 100 个且不会在系统运行期间发生变化，并且基函数采用升余弦型，此外在固定结构 NN 控制器中加入常规反馈单元以保证控制器的稳定性，同样将增益系数设为以确保比较的公平性。

备注 5-3：为便于研究人员进行系统仿真，以上给出了机械臂系统模型和参数。本章所提的 BLAC 方法并不需要使用这些信息。此外，结合机械臂模型，可以推出相应的雅可比矩阵：

$$J(q,\dot{q}) = \begin{bmatrix} -l_1\sin(q_1) - l_2\sin(q_1+q_2) - l_3\sin(q_1+q_2+q_3), \\ -l_2\sin(q_1+q_2) - l_3\sin(q_1+q_2+q_3), -l_3\sin(q_1+q_2+q_3) \\ \cdots \\ l_1\sin(q_1) + l_2\sin(q_1+q_2) + l_3\sin(q_1+q_2+q_3), \\ l_2\sin(q_1+q_2) + l_3\cos(q_1+q_2+q_3), l_3\sin(q_1+q_2+q_3) \end{bmatrix} \tag{5-47}$$

在更为复杂的机器人系统中，可以借助开源运动规划平台(如"MoveIt!"软件)和统一机器人描述文件(unified robot description files, URDF)求得雅可比矩阵。

5.5.1 全部关节执行器运行正常

本节验证机械臂三个关节的执行电机运行正常的情况。

图 5-2 给出了使用四种控制策略得到的末端执行器的轨迹跟踪情况。

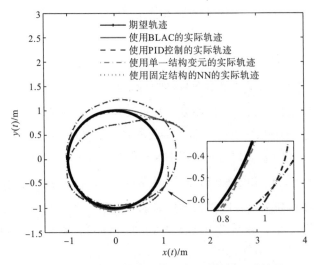

图 5-2 不同控制策略下的二维平面轨迹跟踪效果

　　图 5-3 展现了四种控制方法作用下末端执行器的位置跟踪误差演变情况。可以清晰地看出，在外界扰动和未建模动态存在时，BLAC 方法的精度要高于其他三种方法。由于 BLAC 和对照组 2 均启用了神经元自动增减策略，其结果要比另外两个对照组效果好。

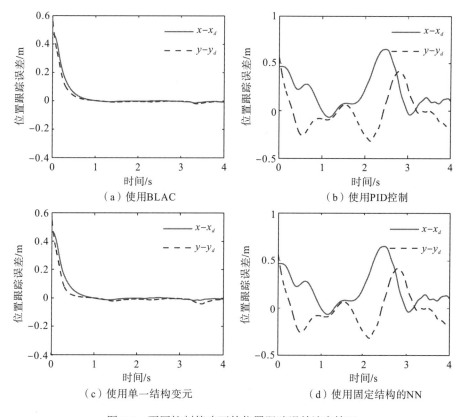

图 5-3　不同控制策略下的位置跟踪误差演变情况

　　图 5-4 描绘了 BLAC、对照组 2 和对照组 3 的权值/虚拟参数变化情况。从图 5-4 可以发现，固定结构的 NN 已失去权值更新能力。因此，在图 5-2 中，对照组 1 和对照组 3 的轨迹曲线几乎完全重合，进一步印证了固定结构的 NN 控制在网络参数选取不恰当时，NN 存在失效问题。因此，对照组 3 的方法并未产生发散结果的原因在于其含有与对照组 1 完全相同的反馈控制单元。

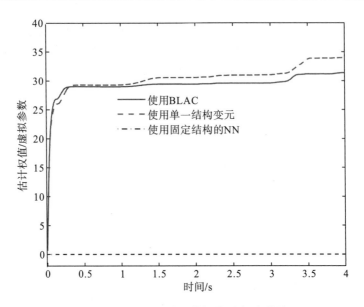

图 5-4   不同控制策略下的权值/虚拟参数估计

图 5-5 给出了 BLAC 方法和对照组 2 的神经元实时调节结果。图 5-6 为图 5-5 的结果放大。

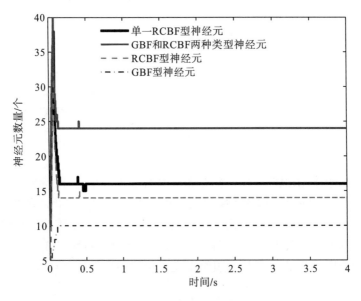

图 5-5   在基函数多元化或单一的神经网络中神经元数量的变化情况

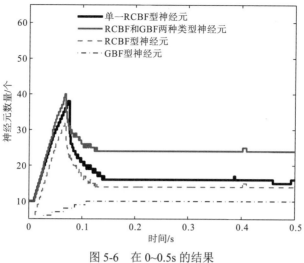

图 5-6　在 0~0.5s 的结果

　　图 5-7 和图 5-8 给出了四种控制策略产生的关节控制信号及相应关节角度输出结果。由于在 2s 后引入了频率为 5Hz 的扰动信号，控制器会随之产生相应频率的变化，而非产生抖动。在引入扰动后，BLAC 方法与对照组 2 均能使跟踪误差得到收敛，体现了神经元自调节策略对 NN 自学习能力的强化作用。

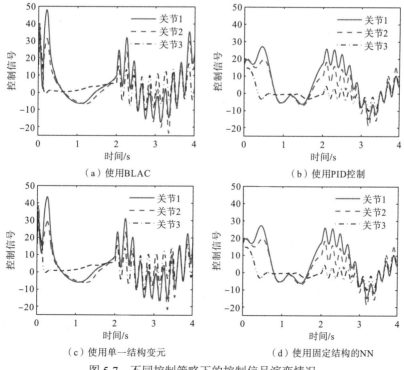

图 5-7　不同控制策略下的控制信号演变情况

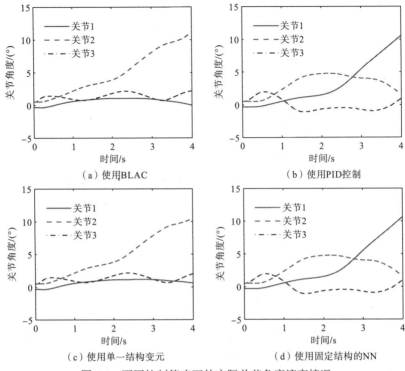

（a）使用BLAC   （b）使用PID控制

（c）使用单一结构变元   （d）使用固定结构的NN

图 5-8   不同控制策略下的实际关节角度演变情况

5.5.2   部分关节执行器运行故障

本节验证机械臂关节 1 的执行电机运行故障，而其余两关节电机正常运行的情况。仿真结果如图 5-9～图 5-14 所示。本节相关代码参见附录。

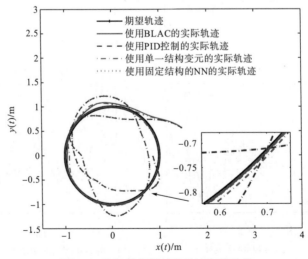

图 5-9   执行器故障时的轨迹跟踪效果

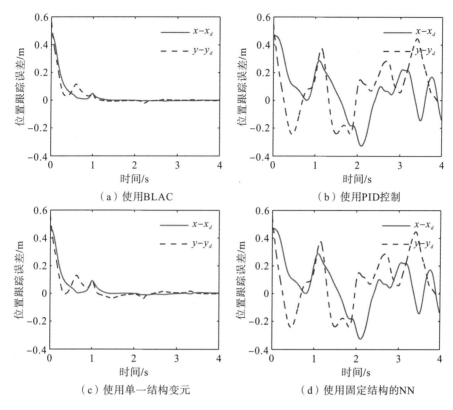

（a）使用BLAC　　　　　　　　　　（b）使用PID控制

（c）使用单一结构变元　　　　　　　（d）使用固定结构的NN

图 5-10　执行器故障时的位置跟踪误差演变情况

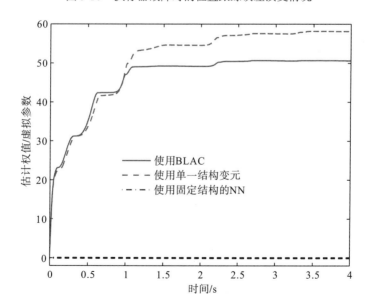

图 5-11　执行器故障时的权值/虚拟参数估计

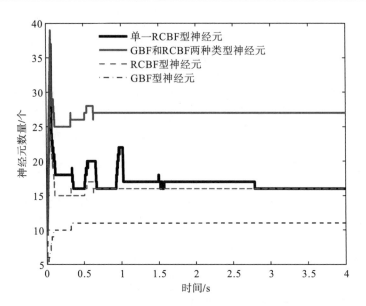

图 5-12　执行器故障时的神经网络元数目变化情况

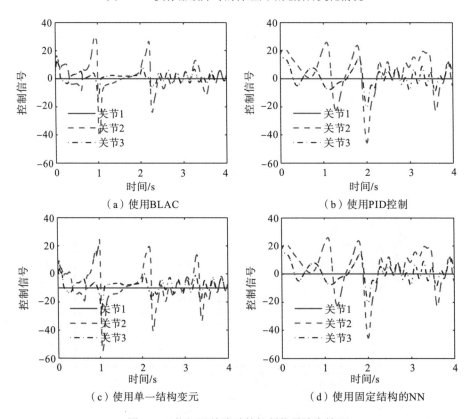

图 5-13　执行器故障时的控制信号演变情况

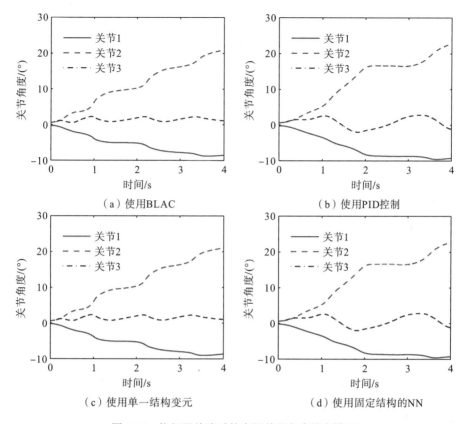

图 5-14　执行器故障时的实际关节角度演变情况

从图 5-9 和图 5-10 可以看出，当机械臂关节 1 的执行器发生故障时，对照组 1 的 PID 控制方法和对照组 3 的固定结构的 NN 控制方法已不能使末端执行器跟踪圆形轨迹，而使用本章所提的 BLAC 方法以及仅采用单一结构变元 NN 控制(对照组 2)则能够继续保持稳定跟踪。同时，BLAC 方法具有相对高的控制精度。分析这一结果产生的原因在于控制任务的设定为非方阵情形(即存在冗余)。换言之，当控制目标仅为实现 $X\text{-}Y$ 平面的点轨迹跟踪时，系统的状态变量小于关节数目。因此，在有效的工作区间内使用两个关节电机即可实现跟踪任务。然而，需要注意的是，若执行器的故障导致某些工作点不可达，则需要重新对轨迹进行规划，否则将无法实现给定轨迹的跟踪。此外，对比图 5-11、图 5-12 和图 5-4、图 5-5 发现，对于运行健康和执行器故障的系统，控制器的权值估计和神经元数量会产生不同的演变结果，这也从参数角度反映了本章所提方法针对 MIMO 系统的自适应能力和抗干扰能力。

5.6 本 章 小 结

本章以多自由度机器人系统为研究对象，提出了一类基于 MSAE-NN 的仿生自适应控制方法，有效解决了非仿射 MIMO 系统在不确定跳变扰动和子系统故障存在时的两类控制问题，包括关节空间与笛卡儿任务空间的轨迹跟踪。主要创新之处在于控制系统启用了第 4 章的神经元自生长/消亡机制，有效避免了对基函数结构参数的额外估计和人工选取步骤，而多元化基函数和时变理想权值的设计也使系统的自学习能力得到进一步提升。通过受限李雅普诺夫函数推导出的控制律与虚拟参数更新律可使 NN 训练输入始终限定于一确定紧集内，从而保障 NN 在整个系统运行期间有效发挥学习近似能力。注意，本章所提方法同样适用于仿射非线性系统，由于无须计算传统 NN 中庞大规模的权值估计向量，控制器具有结构简单、经济实用、易于集成开发等优势。

习 题 5

1. 非仿射多输入多输出系统具有什么样的特点？
2. NN 控制方法的核心优势是什么？
3. 请给出基于 MSAE-NN 的控制方法的特点。
4. 请思考所设计的控制算法结构特点。

参 考 文 献

[1] Fu K. Learning control systems and intelligent control systems: An intersection of artifical intelligence and automatic control[J]. IEEE Transactions on Automatic Control, 1971, 16(1): 70-72.

[2] Saridis G. Intelligent robotic control[J]. IEEE Transactions on Automatic Control, 1983, 28(5): 547-557.

[3] Shinha N K. Intelligent Control System[M]. New York: IEEE Press, 1996.

[4] Meystel A M, Albus J S. Intelligent Systems: Architecture, Design, and Control[M]. New York: John Wiley & Sons, Inc, 2000.

[5] 蔡自兴, 余伶俐, 刘建毅. 智能控制原理与应用[M]. 北京: 清华大学出版社, 2014.

[6] 涂序彦, 王枞, 刘建毅. 智能控制论[M]. 北京: 科学出版社, 2010.

[7] Polycarpou M M. Stable adaptive neural control scheme for nonlinear systems[J]. IEEE Transactions on Automatic Control, 1996, 41(3): 447-451.

[8] Polycarpou M M, Mears M J. Stable adaptive tracking of uncertain systems using nonlinearly parametrized on-line approximators[J]. International Journal of Control, 1998, 70(3): 363-384.

[9] Ge S S, Gabg C C, Lee T H, et al. Stable Adaptive Neural Network Control[M]. Boston: Kluwer Academic Publishers, 2001.

[10] Yu W, Rosen J. Neural PID control of robot manipulators with application to an upper limb exoskeleton[J]. IEEE Transactions on Cybernetics, 2013, 43(2): 673-684.

[11] Omatu S, Yoshioka M. Self-tuning neuro-PID control and applications, systems, man and cybernetics[C]. IEEE International Conference on Computational Cybernetics and Simulation, 1997: 1985-1989.

[12] Fu K S, Gonzalez R C, Lee C S G. Robotics: Control, sensing, vision, and intelligence[M]. New York: McGraw-Hill Book Company, 1987.

[13] Song Y D, Cai W. Quaternion observer-based model-independent attitude tracking control of spacecraft[J]. Journal of Guidance, Control and Dynamics, 2009, 32(5): 1476-1482.

[14] Song Y D, Cai W C. New quaternion based attitude tracking control of spacecraft-part I: Almost global tracking[J]. International Journal of Innovation, Communication, Information and Control, 2012, 8: 7307-7319.

[15] Li P, Song Y D, Li D Y. Control and monitoring of grid-friendly wind turbines: Research overview and suggested approach[J]. IEEE Transactions on Power Electronics, 2015, 30(4): 1979-1986.

[16] Li D Y, Cai W C, Li P, et al. Neuroadaptive variable speed control of wind turbine with wind speed estimation[J]. IEEE Transactions on Industrial Electronics, 2016, 63(12): 7754-7764.

[17] Song Y D, Cai W C, Li P, et al. A bio-inspired approach to enhancing wind power conversion[J]. Journal of Renewable and Sustainable Energy, 2012, 4(2): 023107.

[18] Song Y, Yuan X. Low-cost adaptive fault-tolerant approach for semi-active suspension control of high speed trains

[J]. IEEE Transactions on Industrial Electronics, 2016, 63（11）: 7084-7093.

[19] Song Q, Song Y D, Cai W. Adaptive backstepping control of train systems with traction/braking dynamics and uncertain resistive forces[J]. Vehicle System Dynamics, 2011, 49（9）: 1141-1454.

[20] Song Q, Song Y D, Tang T, et al. Computationally inexpensive tracking control of high speed trains with traction/braking saturation[J]. IEEE Transactions on Intelligent Transportation Systems, 2011, 12（4）: 1116-1125.

[21] Song Q, Song Y D. Data-based fault-tolerant control of high speed trains with traction/braking notch nonlinearities and actuator failures[J]. IEEE Transactions on Neural Networks and Learning Systems, 2011, 22（12）: 2050-2261.

[22] Song Y D, Li D Y, Cai W C. Mobile Robotics and Autonomous Techonology[M]. Beijing: China Machine Press, 2012.

[23] Jia Z J, Song Y D, Cai W C. Bio-inspired approach for smooth motion control of wheeled mobile robots[J]. Cognitive Computation, 2013, 5（2）: 252-263.

[24] Song Y, Li Q L, Song Y D, et al. Effective cubature fast SLAM: SLAM with rao-blackwellized particle filter and cubature rule for gaussian weighted integral[J]. Advanced Robotics, 2013, 27（17）: 1301-1312.

[25] Bengio Y. Learning deep architectures for AI[J]. Foundations and Trends in Machine Learning, 2009, 2（1）: 1-127.

[26] Hinton G E, Salakhutdinov R R. Reducing the dimensionality of data with neural networks[J]. Science, 2006, 313（5786）: 504-507.

[27] Srivastava R K, Greff K, Schmidhuber J. Highway networks[J]. arXiv: 1505.00387.2015.

[28] He K, Zhang X, Ren S, et al. Deep residual learning for image recognition[J]. arXiv: 1512.03385.2015.

[29] Liu J. Radial Basis Function（RBF）Neural Network Control for Mechanical Systems: Design, Analysis and MATLAB Simulation[M]. Berlin: Springer Science & Business Media, 2013.

[30] Farrell J A, Zhao Y. Self-organizing approximation based control[C]. Amer, Control Conf., 2006: 3378-3384.

[31] Song Y, Guo J, Huang X. Smooth Neuroadaptive PI tracking control of nonlinear systems with unknown and nonsmooth actuation characteristics[J]. IEEE Transactions on Neural Networks and Learning Systems, 2016, （99）.

[32] Salman R. Neural networks of adaptive inverse control systems[J]. Applied Mathematics and Computation, 2005, 163（2）: 931-939.

[33] Liu G, Yu K, Zhao W. Neural network based internal model decoupling control of three-motor drive system[J]. Electric Power Components and Systems, 2012, 40（14）: 1621-1638.

[34] Fang Y, Fei J, Ma K. Model reference adaptive sliding mode control using RBF neural network for active power filter[J]. International Journal of Electrical Power and Energy Systems, 2015, 73: 249-259.

[35] Han M, Fan J C, Wang J. A dynamic feedforward neural network based on Gaussian particle swarm optimization and its application for predictive control[J]. IEEE Transactions on Neural Networks, 2011, 22（9）: 1457-1468.

[36] Han H G, Wu X L, Qiao J F. Real-time model predictive control using a self-organizing neural network[J]. IEEE Transactions on Neural Networks and Learning Systems, 2013, 24（9）: 1425-1436.

[37] Ngo K B, Mahony R, Jiang Z-P. Integrator backstepping using barrier functions for systems with multiple state constraints[C]. Proceedings of the 44th IEEE Conference on Decision and Control, 2005: 8306-8312.

[38] Lin C M, Li H Y. TSK fuzzy CMAC-based robust adaptive backstepping control for uncertain nonlinear systems[J]. IEEE Transactions on Fuzzy Systems, 2012, 20（6）: 1147-1153.

[39] Bartolini G, Punta E. Reduced-order observer in the sliding-mode control of nonlinear non-affine systems[J]. IEEE Transactions on Automatic Control, 2010, 50(10): 2368-2373.

[40] Rubagotti M, Raimondo D M, Ferrara A, et al. Robustmodel predictive control with integral sliding mode in continuous-time sampled-data nonlinear systems[J]. IEEE Transactions on Automatic Control, 2011, 56(3): 556-570.

[41] Wai R J, Muthusamy R. Fuzzy-neural-network inherited sliding-mode control for robot manipulator including actuator dynamics[J]. IEEE Transactions on Neural Networks and Learning Systems, 2013, 24(2): 274-287.

[42] Yu W. Neural feedback passivity of unknown nonlinear systems via sliding mode technique[J]. IEEE Transactions on Neural Networks and Learning Systems, 2015, 26(7): 1560-1566.

[43] Song Y D, Huang X C, Wen C Y. Tracking control for a class of unknown nonsquare MIMO nonaffine systems: A deep-rooted information based robust adaptive approach[J]. IEEE Transactions on Automatic Control, 2015.2508741.

[44] Ge S S, Wang J. Robust adaptive tracking for time-varying uncertain nonlinear systems with unknown control coefficients[J]. IEEE Transactions on Automatic Control, 2003, 48(8): 1463-1469.

[45] Chen M, Ge S S, How B. Robust adaptive neural network control for a class of uncertain MIMO nonlinear systems with input nonlinearities[J]. IEEE Transactions on Neural Networks and Learning Systems, 2010, 21(5): 796-812.

[46] Bechlioulis C P, Rovithakis G A. Robust partial-state feedback prescribed performance control of cascade systems with unknown nonlinearities[J]. IEEE Transactions on Automatic Control, 2011, 56(9): 2224-2230.

[47] Han S I, Lee J M. Output-tracking-error-constrained robust positioning control for a nonsmooth nonlinear dynamic system[J]. IEEE Transactions on Industrial Electronics, 2014, 61(12): 6882-6891.

[48] Liu L, Wang Z, Zhang H. Adaptive fault-tolerant tracking control for MIMO discrete-time systems via reinforcement learning algorithm with less learning parameters[J]. IEEE Transactions on Automation Science and Engineering, 2016: 1-15.

[49] Cai W C, Liao X H, Song Y D. Indirect robust adaptive fault-tolerant control for attitude tracking of spacecraft[J]. Journal of Guidance Control and Dynamics, 2008, 31(5): 1456-1463.

[50] Li D Y, Song Y D, Chen H N. Model-independent adaptive fault-tolerant output tracking control of 4WS4WD road vehicles[J]. IEEE Transactions on Intelligent Transportation Systems, 2011, 14(1): 169-179.

[51] Song Y D, Chen H N, Li D Y. Virtual-point-based fault-tolerant lateral and longitudinal control of 4W-steering vehicles[J]. IEEE Transactions on Intelligent Transportation Systems, 2011, 12(4): 1343-1351.

[52] Vaghei Y, Ghanbari A, Noorani S. Actor-critic neural network reinforcement learning for walking control of a 5-Link bipedal robot [C]. Proceeding of the 2nd RSI/ISM International Conference on Robotics and Mechatronics, 2014: 773-778.

[53] Benbrahim H, Franklin J A. Biped dynamic walking using reinforcement learning[J]. Robotics Autonomous Systems, 1997, 22(3/4): 283-302.

[54] Sabourin C, Bruneau O. Robustness of the dynamic walk of a biped robot subjected to disturbing external forces by using CMAC neural networks[J]. Robotics Autonomous Systems, 2005, 51(2-3): 81-99.

[55] Miller W T. Real-time application of neural net-works for sensor-based control of robots with vision[J]. IEEE Transactions on Systems, Man, and Cybernetics, 1994, 19: 825-831.

[56] Mai T, Wang Y. Adaptive force/motion control system based on recurrent fuzzy wavelet CMAC neural networks for condenser cleaning crawler-type mobile manipulator robot[J]. IEEE Transactions on Control Systems Technology, 2014, 22(5): 1973-1982.

[57] Albus J S. A new approach to manipulator control: The cerebella model articulation controller (CMAC)[J]. Journal of Dynamic Systems, Measurement, and Control, 1975, 97: 220-233.

[58] Albus J S. A theory of cerebellar function[J]. Mathematical Biosciences, 1971, 10: 25-61.

[59] Lin C M, Chen T Y. Self-organizing CMAC control for a class of MIMO uncertain nonlinear systems[J]. IEEE Transactions on Neural Networks, 2009, 20(9): 1377-1384.

[60] L'orsa R. Cerebellar model articulation controllers for bilateral teleoperation with elastic-joint manipulators and haptic feedback[D]. Canada: University of Calgary, 2016.

[61] Marr D A. A theory of cerebellar cortex[J]. Journal of Physiology, 1969, 202: 437-470.

[62] Albus J S. Mechanisms of planning and problem solving in the brain[J]. Mathematical Biosciences, 1979, 45: 247-293.

[63] Albus J S. Data storage in the cerebellar model articulation controller (CMAC)[J]. Journal of Dynamic Systems, Measurement, and Control, 1975, 3: 228-233.

[64] Thorndike E L. The Fundamentals of Learning[M]. New York: AMS Press Inc., 1932.

[65] Skinner B F. The Behavior of Organisms: An Experimental Analysis[M]. New York: Appleton-Century-Crofts, 1938.

[66] Schultz W, Dayan P, Montague P R. A neural substrate of prediction and reward[J]. Science, 1997, 275: 1593-1598.

[67] Schultz W. Predictive reward signal of dopamine neurons[J]. Neurophysiology, 1998, 1(80): 1-27.

[68] Sutton R S, Barto A G. Reinforcement Learning: An Introduction[M]. Cambridge: MIT Press, 1998.

[69] Xu B, Yang C, Shi Z. Reinforcement learning output feedback NN control using deterministic learning technique[J]. IEEE Transactions on Neural Networks and Learning Systems, 2014, 25(3): 635-641.

[70] Mnih V, Kavukcuoglu K, Silver D. Human-level control through deep reinforcement learning[J]. Nature, 2015, 518(7540): 529-533.

[71] Haykin S. Neural Networks: A Comprehensive Foundation[M]. Englewood: Prentice Hall, 1999.

[72] Hagan M T, Demuth H B, Beale M H. Neural Network Design[M]. US: PWS Publishing Company, 1996.

[73] Karimi B, Menhaj M B. Non-affine nonlinear adaptive control of decentralized large-scale systems using neural networks[J]. Information Sciences, 2010, 180(17): 3335-3347.

[74] Yang H, Shi P, Zhao X, et al. Adaptive output-feedback neural tracking control for a class of nonstrict-feedback nonlinear systems[J]. Information Sciences, 2015: 205-218, 334-335.

[75] Yoo S J, Park J B, Choi Y H. Indirect adaptive control of nonlinear dynamic systems using self-recurrent wavelet neural networks via adaptive learning rates[J]. Information Sciences, 2007, 177(15): 3074-3098.

[76] Wu J, Chen W, Yang F. Global adaptive neural control for strict-feedback time-delay systems with predefined output accuracy[J]. Information Sciences, 2015, 301: 27-43.

[77] Hornic K, Stinchomebe M. Multilayer feedforward neural networks are universal approximators[J]. Neural Network, 1989, 2: 359-366.

[78] Isidori A. Nonlinear Control System[M]. 2nd Ed. Berlin: Springer-Verlag, 1989.

[79] Park J, Sandberg I W. Universal approximation using radial basis function networks[J]. Neural Computation, 1991, 3(2): 246-257.

[80] Marino R, Tomei P. Nonlinear Adaptive Design: Geometric, Adaptive, and Robust[M]. London: Prentice-Hall, 1995.

[81] Slotine J, Li W. Applied Nonlinear Control[M]. Englewood: Prentice-Hall, 1991.

[82] Zhang W, Ge S S. A global Implicit function theorem without initial point and its applications to control of non-affine systems of high dimensions[J]. Journal of Mathmatics, Analysis, Application, 2006, 313: 251-261.

[83] Ge S S, Wang C. Adaptive neural control of uncertain mimo nonlinear systems[J]. IEEE Transactions on Neural Networks, 2004, 15(3): 674-692.

[84] Kostarigka A K, Rovithakis G A. Adaptive dynamic output feedback neural network control of uncertain MIMO nonlinear systems with prescribed performance[J]. IEEE Transactions on Neural Networks and Learning Systems, 2012, 22(1): 139-149.

[85] Atkeson C G, Moore A W, Schaal S. Locally weighted learning for control[J]. Artificial Intelligence Review, 1996, 11: 75-113.

[86] Aha D W. Lazy Learning[M]. Norwell: Kluwer Academic Publishers, 1997.

[87] Nakanishi J, Farrell J A, Schaal S. A locally weighted learning composite adaptive controller with structure adaptation[C]. IEEE International Conference on Intelligent Roberts and Systems, 2002: 882-889.

[88] Dong W, Zhao Y, Chen Y, et al. Tracking control for nonaffine systems: A self-organizing approximation approach[J]. IEEE Transactions on Neural Networks and Learning Systems, 2012, 23(2): 223-35.

[89] Zhao Y, Farrell J A. Performance-based self-organizing approximation for scalar state estimation and control[C]. Proceedings of the American Control Conference, 2007: 3913-3918.

[90] Park J H, Huh S H, Kim S H, et al. Direct adaptive controller for nonaffine nonlinear systems using self-structuring neural networks[J]. IEEE Transactions on Neural Networks, 2005, 16(2): 414-422.

[91] Hovakimyan N, Nardi F, Calise A, et al. Adaptive output feedback control of uncertain nonlinear systems using single-hidden-layer neural networks[J]. IEEE Transactions on Neural Networks, 2002, 13(6): 1420-1431.

[92] Szita I, Szepesvari C. Model-based reinforcement learning with nearly tight exploration complexity bounds[C]. International Conference on Machine Learning, 2010: 1031-1038.

[93] Thorndike E L. Animal intelligence: An experimental study of the associative processes in animals[J]. American Psychologist, 1998, 53(10): 1125-1127.

[94] Thorndike E L. Animal Intelligence[M]. London: Macmillan, 1911.

[95] Myers D G, Dewall C N. Psychology in Everyday Life[M]. 3rd Ed. Harvard: Worth Publishers, 2014.

[96] Miltenberger R G. Behavioral Modification: Principles and Procedures[M]. Toronto: Thomson/Wadsworth, 2008.

[97] Ivancevic V G, Ivancevic T T. Brain and classical neural networks[J]. Quantum Neural Computation, 2010, 40: 43-150.

[98] 徐丽娜. 神经网络控制[M]. 北京: 电子工业出版社, 2009.

[99] Shettleworth S J. Cognition, Evolution, and Behavior[M]. Oxford: Oxford University Press, 2010.

[100] Khalil H K. Nonlinear Systems[M]. Englewood: Prentice-Hall, 2002.

[101] 赵景波. MATLAB 控制系统仿真与设计[M]. 北京: 机械工业出版社, 2010.

[102] Sanner R M, Slotine J-J E. Gaussian networks for direct adaptive control[J]. IEEE Transactions on Neural Networks, 1992, 3(6): 837-863.

[103] Calise A J, Hovakimyan N, Idan M. Adaptive output feedback control of nonlinear systems using neural networks[J]. Automatica, 2001, 37(8): 1201-1211.

[104] Leu Y G, Wang W Y, Lee T T. Observer-based direct adaptive fuzzy-neural control for nonaffine nonlinear systems[J]. IEEE Transactions on Neural Networks, 2005, 16(4): 853-860.

[105] Yesildirek A, Lewis F L. Feedback linearization using neural network[J]. Automatica, 1995, 31(11): 1659-1664.

[106] Lewis F L, Yesildirek A. Multilayer neural-net robot controller with guaranteed tracking performance[J]. IEEE Transactions on Neural Networks, 1996, 7(2): 388-399.

[107] Ge S S, Zhang J. Neural-network control of nonaffine nonlinear system with zero dynamics by state and output feedback[J]. IEEE Transactions on Neural Networks, 2003, 14(4): 900-918.

[108] Hu J, Pratt G. Self-organizing CMAC neural networks and adaptive dynamic control[C]. IEEE Intelligent Control, 1999: 259-264.

[109] Lin C M, Peng Y F. Adaptive CMAC-based supervisory control for uncertain nonlinear systems[J]. IEEE Transactions on Systems, Man, and Cybernetics Part B: Cybernetics, 2004, 34(2): 1248-1260.

[110] Bechlioulis C P, Rovithakis G A. Adaptive control with guaranteed transient and steady state tracking error bounds for strict feedback systems[J]. Automatica, 2009, 45(2): 532-538.

[111] Tee K P, Ge S S. Control of nonlinear systems with partial state constraints using a barrier lyapunov function[J]. International Journal of Control, 2011, 84(12): 2008-2023.

[112] He W, Zhang S, Ge S S. Adaptive control of flexible crane system with the boundary output constraint[J]. IEEE Transactions on Industrial Electronics, 2014, 61(8): 4126-4133.

[113] Tee K P, Ren B, Ge S S. Control of nonlinear systems with time-varying output constraints[J]. Automatica, 2011, 47(11): 2511-2516.

[114] Farrell J A, Polycarpou M M. Adaptive Approximation Based Control: Unifying Neural, Fuzzy, and Traditional Adaptive Approximation Approaches[M]. Hoboken, NJ: Wiley, 2006.

[115] Wai R-J, Lin Y-F, Liu Y-K. Design of adaptive fuzzy-neural-network control for single-stage boost inverter[J]. IEEE Transactions on Industrial Electronics, 2015(9): 5434-5445.

[116] Chen C-S. Dynamic structure adaptive neural fuzzy control for MIMO uncertain nonlinear systems[J]. Information Sciences, 2009, 179: 2676-2688.

[117] Li Y, Li T, Jing X. Indirect adaptive fuzzy control for input and output constrained nonlinear systems using a barrier Lyapunov function[J]. International Journal of Adaptive Control and Signal Processing, 2014, 28: 184-199.

[118] Kiguchi K, Fukuda T. Robot manipulator contact force control application of fuzzy-neural network[C]. Proceedings of IEEE International conference on Robotics and Automation, 1995: 875-880.

[119] Hsu C F. Self-organizing adaptive fuzzy neural control for a class of nonlinear systems[J]. IEEE Transactions on

Neural Networks, 2007, 18(4): 1232-1241.

[120] Wang Y, Boyd S. Fast model predictive control using online optimization[J]. IEEE Transactions on Control Systems Technology, 2010, 18(2): 267-278.

[121] Angeli D, Amrit R, Rawlings J B. On average performance and stability of economic model predictive control[J]. IEEE Transactions on Automatic Control, 2012, 57(7): 1615-1626.

[122] Graichen K. A fixed-point iteration scheme for real-time model predictive control[J]. Automatica, 2012, 48(7): 1300-1305.

[123] Ge S S, Hang C C, Zhang T. A direct method for robust adaptive nonlinear control with guaranteed gransient performance[J]. Systems and Control Letters, 1999, 37(5): 275-284.

[124] Tee K P, Ge S S, Tay E H. Barrier Lyapunov functions for the control of output-constrained nonlinear systems[J]. Automatica, 2009, 45(4): 918-927.

[125] Ren B, Ge S S, Tee K P, et al. Adaptive neural control for output feedback nonlinear systems using a barrier Lyapunov function[J]. IEEE Transactions on Neural Networks, 2010, 21(8): 1339-1345.

[126] Niu B, Zhao J. Barrier Lyapunov functions for the output tracking control of constrained nonlinear switched systems[J]. Systems and Control Letters, 2013, 62(10): 963-971.

[127] Bhasin S, Dupree K, Patre P M, et al. Neural network control of a robot interacting with an uncertain viscoelastic environment[J]. IEEE Transactions on Neural Networks and Learning Systems, 2011, 19(4): 947-955.

[128] Liu Z, Zhang Y, Chen X, et al. Adaptive neural control for a class of nonlinear time-varying delay systems with unknown hysteresis[J]. IEEE Transactions on Neural Networks and Learning Systems, 2014, 25(12): 2129-2140.

[129] Shen Q, Zhang T, Lim C C. Novel neural control for a class of uncertain pure-feedback systems[J]. IEEE Transactions on Neural Networks and Learning Systems, 2014, 25(4): 718-727.

[130] Nakanishi J, Farrell J A, Schaal S. Composite adaptive control with locally weighted statistical learning[J]. Neural Network, 2005, 18(1): 71-90.

[131] Zhao Y, Farrell J A. Locally weighted online approximation-based control for nanaffine systems[J]. IEEE Transactions on Neural Networks, 2007, 18(6): 1709-1724.

[132] Barron A R. Apprximation and estimation bound for artificial neural networks[C]. Proceedings of the 4th Annual Workshop on Computational Learning Theory, 1991: 243-249.

[133] Barron A R. Universal approximation bounds for superposition for a sigmoidal function[J]. IEEE Transactions on Information Theory, 1993, 39(3): 930-945.

[134] Chen T P, Chen H. Approximation capability to functions of several variables, nonlinear functionals, and operators by radial basis functiona neural networks[J]. IEEE Transactions on Neural Networks, 1995, 6(4): 904-910.

[135] Poggio T, Girosi T. Networks for approximation and learning[C]. IEEE, 1990: 1481-1497.

[136] 刘金琨. RBF 神经网络自适应控制 MATLAB 仿真[M]. 北京: 清华大学出版社, 2014.

[137] Miller W T, Sutton R S, Werbos P J. Neural Networks for Control[M]. Cambridge: MIT Press, 1992.

[138] Song Y D, Guo J X, Huang X C. Smooth neuroadaptive PI tracking control of nonlinear systems with unknown and nonsmooth actuation characteristics[J]. IEEE Transactions on Neural Networks and Learning Systems, 2016.

[139] Kim Y H, Lewis F L. High-Level Feedback Control with Neural Networks[M]. Singapore: World Scientific, 1998.

[140] Fabri S G, Kadirkamanathan V. Functional Adaptive Control: An Intelligent Systems Approach[M]. New York: Springer, 2001.

[141] Yu S H, Annaswarmy A M. Stable neural controllers for nonlinear dynamic systems[J]. Automatica, 1998, 34(5): 641-650.

[142] Zhang T P, Ge S S. Adaptive neural network tracking controlof MIMO nonlinear systems with unknown dead zones and contro directions[J]. IEEE Transactions on Neural Networks, 2009, 20(3): 483-497.

[143] Rojas R. Neural Networks: A Systematic Introduction[M]. New York: Springer-Verlag, 1996.

[144] Huang G-B, Saratchndran P, Sundararajan N. A generalized growing and pruning RBF (GGAP-RBF) neural network for function approximation[J]. IEEE Transactions on Neural Networks, 2005, 16(1): 57-67.

[145] Barakat M, Druaux F, Lefebvre D, et al. Self adaptive growing neural network classifier for faults detection and diagnosis[J]. Neurocomputing, 2011, 74(18): 3865-3876.

[146] Lin F-J, Lin C-H, Shen P-H. Self-constructing fuzzy neural network speed controller for permanent-magnet synchronous motor drive [J]. IEEE Transactions on Fuzzy Systems, 2001, 9(5): 751-759.

[147] Lin F-J, Lin C-H. A permanent-magnet synchronous motor servo drive using self-constructing fuzzy neural network controller[J]. IEEE Transactions on Energy Conversions, 2004, 19(1): 66-72.

[148] Wu S, Er M J, Gao Y. A fast approach for automatic generation of fuzzy rules by generalized dynamic fuzzy neural networks[J]. IEEE Transactions on Fuzzy Systems, 2001, 9(4): 578-594.

[149] Jia Z J, Song Y D. Barrier function-based neural adaptive control with locally weighted learning and finite neuron self-growing strategy[J]. IEEE Transactions on Neural Networks and Learning Systems, 2016.

[150] Kandel E R, Schwartz J H, Jessell T M, et al. Principles of Neural Science[M]. 5th Ed. Columbus: McGraw-Hill Education, 2012.

[151] Liu Y-J, Li J, Tong S, et al. Neural network control-based adaptive learning design for nonlinear systems with full-state constraints [J]. IEEE Transactions on Neural Networks and Learning Systems, 2016, 27(7): 1562-1571.

[152] He W, Chen Y, Yin Z. Adaptive neural network control of an uncertain robot with full-state constraints[J]. IEEE Transactions on Cybernetics, 2016, 46(3): 620-629.

[153] Yu H, Reiner P D, Xie T, et al. An incremental design of radial basis function networks[J]. IEEE Transactions on Neural Networks and Learning Systems, 2014, 25(10): 1793-1803.

[154] Song Y D. Neuro-adaptive control with application to robotic systems[J]. Journal of Field Robot, 1997, 14(6): 433-447.

[155] Padhi R, Unnikrishnan N, Balakrishnan S N. Model-following neuro-adaptive control control design for non-square, non-affine nonlinear systems[J]. IET Control Theory Applications, 2007, 1(6): 1650-1661.

[156] Labiod S, Guerra T M. Adaptive fuzzy control of a class of SISO nonaffine nonlinear systems[J]. Fuzzy Sets and Systems, 2007, 158(10): 1126-1137.

[157] Meng W, Yang Q, Jagannathan S, et al. Adaptive neural control of high-order uncertain nonaffine systems: A transformation to affine systems approach[J]. Automatica, 2014, 50(5): 1473-1480.

[158] Song Q, Song Y D. Generalized PI control design for a class of unknown nonafine systems with sensor and actuator faults[J]. Systems and Control Letters, 2014, 64: 86-95.

[159] Teo J, How J P, Lavretsky E. Proportional-integral controllers for minimum-phase nonafine-in-control systems[J]. IEEE Transactions on Automatic Control, 2010, 55(6): 1477-1483.

[160] Ge S S, Tee K P. Approximation-based control of nonlinear MIMO time-delay systems[J]. Automatica, 2007, 43(1): 31-43.

[161] Wang D, Liu D, Wei Q, et al. Optimal control of unknown nonaffine nonlinear discrete-time systems based on adaptive dynamic programming[J]. Automatica, 2012, 50(10): 2624-2632.

[162] Bian T, Jiang Y, Jiang Z P. Adaptive dynamic programming and optimal control of nonlinear nonaffine systems[J]. Automatica, 2014, 48(8): 1825-1832.

[163] Ge S S, Lee T H, Harris C J. Adaptive Neural Network Control of Robotic Manipulators[M]. London: World Scientific, 1998.

[164] Lewis F L, Jagannathan S, Yesildirek A. Neural Network Control of Robot Manipulators and Nonlinear Systems[M]. London: Taylor & Francis, 1999.

[165] Lewis F L, Liu K, Yesildirek A. Neural net robot controller with guaranteed tracking performance[J]. IEEE Transactions on Neural Networks, 1995, 6(3): 703-715.

[166] Kwan C, Lewis F L, Dawson D M. Robust neural-network control of rigid-link electrically driven robots[J]. IEEE Transactions on Neural Networks, 1998, 9(4): 581-588.

[167] Slotine J, Li W. On the adaptive control of robot manipulators[J]. The International Journal of Robotics Research, 1987, 6(3): 49-59.

[168] Cheng X P, Patel R V. Neural network based tracking control of a flexible macro-micro manipulator system[J]. Neural Network, 2003, 16(2): 271-286.

[169] Malik S C. Mathematical Analysis[M]. New York: John Wiley & Sons, 1992.

[170] Xu H, Ioannou P A. Robust adaptive control for a class of MIMO nonlinear systems with guaranteed error bounds[J]. IEEE Transactions on Automatic Control, 2003, 48(5): 728-742.

[171] Theodorakopoulos A, Rovithakis G A. A simplified adaptive neural network prescribed performance controller for uncertain MIMO feedback linearizable systems[J]. IEEE Transactions on Neural Networks and Learning Systems, 2015, 26(3): 589-500.

[172] Song Y D. Adaptive motion tracking control of robot manipulators-nonregressor-based approach[J]. International Journal of Control, 1996, 63(1): 41-54.

[173] Xin X, Kaneda M. Swing-up control for a 3-DOF gymnastic robot with passive first joint: Design and analysis[J]. IEEE Transactions on Robotics, 2007, 23(6): 1277-1285.

[174] Han S, Mao H, Dally W J. Deep compression: Compressing deep neural network with pruning, trained quantization and huffman coding[J]. Fiber, 2016, 56(4): 3-7.

[175] Szegedy C, Liu W, Jia Y, et al. Going deeper with convolutions[C]. Proceedings of the IEEE Computer Society Conference on Computer Vision and Pattern Recognition, 2015: 1-9.

习题答案(仅供参考)

习题 1

1. (1)受实际系统复杂非线性、时变性及其在运行期间的不可测噪声、未知外界扰动、核心元部件和子系统故障等因素影响,无法建立准确的数学模型;(2)在许多实际场景中,过度依赖严苛假设的方法不仅无法实现预期控制目标,还可能造成系统的不稳定甚至引发控制灾难;(3)对于复杂未知非线性系统的建模与控制过程往往需要投入较多的人力成本,而系统本身的自适应与自学习能力薄弱;(4)为提高系统整体控制性能,不仅需要采用更高性能的硬件计算平台,还要引入较多规则和约束条件,导致系统成本提升、开发周期延长、系统通用性受限等问题。

2. 见 1.1.1 节。

3. 主要包含五个部分:(1)广义受控系统及其所处的外部环境;(2)用于获取受控系统和外部环境信息的各类传感器;(3)作用于受控系统的各类执行器;(4)核心算法引擎,掌管整个系统运行过程中的感知、认知和行动环节;(5)用户监控接口,用于监测和控制传感器与执行器的运行状态,或直接人工干预引擎层的输出结果。

4. (人工)神经网络是一类模拟高等动物脑神经系统的工作机制、微观结构和信息处理方式而简化出的数学模型,具备高度并行结构、非线性函数逼近能力以及对不确定环境的学习力和适应力等特点。因此,神经网络常被视为非线性系统分析和设计的强有力工具,为含有复杂非线性和不确定、不确知系统的控制问题提供新的解决方案。与经典控制、现代控制和最优控制方法相比,神经控制的优势在于其省去了人工对系统建模的过程,能够适应复杂变化的环境、系统内部与外部的干扰以及子系统故障等情形,有助于提升系统整体的鲁棒性与容错性。

5. 见 1.2.2 节。

习题 2

1. 人工神经网络是一种模仿动物神经网络行为特征,进行分布式并行信息处理的算法数学模型。这种网络依靠系统的复杂程度,通过调整内部大量节点之间相互连接的关系,从而达到处理信息的目的,并具有自学习和自适应的能力。在保证神经网络的训练输入是可以获得的,且始终在某一紧集范围内的前提下,神经网络可以用来逼近任何连续的函数。

2. 目前,主流的Ⅲ型控制器有以下六种:局部权值学习控制(LWLC)、自组织渐近控制(SOAC)、小脑模型神经网络(CMAC)、进化模糊控制(EFC)、直接自适应控制(DAC)、实时模型自适应控制(RT-MPC)。其中,LWLC与CMAC用于典型仿射系统中,其根据神经网络输入状态将整体网络划分为多个独立的局部渐近器,不同渐近器中的基函数具有不同的中心位置。DAC方法在实现渐近稳定跟踪上具有明显优势。然而,由于 DAC 需要对控制信号进行加减项处理,回避了直接处理非仿射模型的问题,因此这类方法普遍不适合在非仿射系统控制中应用。EFC 方法能够有效减少模糊控制器所需的模糊规则信息,而没有对闭环系统的稳定性和鲁棒性进行完备的分析证明。RT-MPC 避免了传统 MPC 需要高度依赖精确的系统非线性模型的问题。SOAC 是Ⅲ型控制器中比较常见的一种,继承了 LWLC 的局部权值学习思想,根据结构自动调整更新局部渐近器的个数。为了达到给定的控制指标,SOAC 一般以牺牲算法执行效率为代价,导致控制器使用成本较高。

3. 操作性条件反射又称工具学习,是一种由刺激引起的行为改变过程。与经典条件反射不同,在操作性条件反射中,个体的行为反应通过后天塑造而成,受到躯体性神经系统而非植物性神经系统支配,具有自发性和主动性。

4. 一般来说,操作性条件反射学习包括五种方式。①正向增强表现为在生物个体产生某种行为后,通过对其施加喜爱的刺激(或称满欲刺激),该行为的出现频率增加。例如,以食物作为对老鼠的刺激,每当老鼠按下杠杆便可获得食物,从而增加它按压杠杆的行为。②负向增强通过移除个体厌恶的刺激(或称伤害性刺激)增加某一行为的出现,分逃避型和积极回避型两种。在逃避型负向增强刺激中,个体行为通常发生在伤害性刺激之后。如按下闹铃停止开关可消除噪声带来的伤害性刺激。而在积极回避型负向增强中,行为发生在伤害性刺激之前。如通过努力学习避免得到坏成绩。③正向惩罚在个体发生某行为后,通过施加厌恶性刺激减少行为再次发生的次数,如通过向猴子喷水阻止其抓取香蕉的行为。④负向惩罚通过减少对个体的满欲刺激,减少个体某一行为发生,如在儿童犯错误时,通过将其喜爱的玩具拿走,可以减少再次犯错的发生。⑤消弱指当个体的某一行为没有得到任何奖励或惩罚时,这一行为后续出现的频率会自动减少。例如,在 Skinner 的实验中,老鼠原本可以通过按下杠杆获得食物,但当研究人员不再提供食物后,老鼠按压杠杆的次数也随之减少。

5. 本章提出的基于 OCBM 的控制器减少了人工调参工作,不依赖精确的漂移非线性信息,在系统结构发生漂移后,更加快速地适应新的模型,使滤波误差迅速收敛,同时产生相对光滑的控制信号,无须离线训练与停机再编程过程,具有更加宽泛的系统运行条件,并且能够在确保控制精度的同时消耗较少的系统运算资源。

习题 3

1. 取 $\beta = \max\left\{b^l_{kr}, b^u_{kr}\right\}$, $1 \le k \le n$, 则 $V_b(s) = \dfrac{1}{2}\ln\dfrac{\beta_1^2}{\beta_1^2 - s^2}$。

2. 反之也成立，根据连续函数的性质可以证明。

3. (1) 高斯函数 $\psi_i(z)$ 的导数连续，从而有 $\bar{\Psi}_i(z)$ 光滑，因此有助于产生光滑的控制信号。(2) 高斯函数 $\psi_i(z)$ 不仅关于 $z = \bar{\mu}_i$ 轴对称而且在定义域上恒为正，这意味着每一个子网络都会影响整体网络，尽管程度不同。

4. 略。

习题 4

1. 神经网络万能逼近定理成立的条件有：待逼近函数在定义域上连续；NN 的训练输入必须处于某一确定紧集内；NN 包含足够多的隐含层神经元节点，足够多的神经元才能使重构误差足够小。

2. 见 4.2.2 节。

3. ①传统神经网络的理想权值是未知常数；而本章提出的神经网络理想权值是未知时变的有界变量。②传统神经网络的节点数一旦给定将保持不变，而本章提出的算法可以使神经网络节点个数根据实际情况而实时变化，降低神经网络计算量。

4. 通过引入受限李雅普诺夫函数来保证神经网络的输入都在一个给定集合内。

5. 略。

6. 略。

7. (1) 在传统的 NN 控制中，理想权值采用的是常数形式，而在 MASE-NN 控制中，理想权值是时变的，这使得 NN 能够更加灵活有效地逼近非线性函数。

(2) 根据系统跟踪误差和现有神经元个数在线调节神经元数量，有效避免了因人工无法选取合适的神经元个数而导致的神经元数量过多或过少的问题。

(3) 基函数结构多元化。和传统 NN 控制不同的是，MASE-NN 控制中神经元的结构不再是单一的某一种函数作为所有神经元的基函数，而是将神经元分为若干组，每个子网络采用不同的基函数，从而使其更符合脑内神经元的组成方式。

(4) 利用受限李雅普诺夫函数的特性来确保 MSAE-NN 的训练输入向量在整个系统运行过程中始终有界，从而自然地满足了 UAT 给出的紧集先决条件，使得 NN 在控制闭环中有效且安全地发挥近似功能。

(5) MSAE-NN 中加入了平滑增加与减少函数，避免了因神经元个数骤然增加或减少而导致的控制信号抖动问题，保证了控制信号的连续性。

8. 受限李雅普诺夫函数的表现形式为

$$V_{\mathrm{BLF}} = \ln \frac{\beta^2}{\beta^2 - s^2}$$

式中，β 是常数；s 是滤波误差。当 $|s| < \beta$ 且 s 连续可导时，V_{BLF} 具有对称性、正定性、连续可导等特点，当 $|s| \to \beta$ 时，$V_{\mathrm{BLF}} \to \infty$。即当 $|s| < \beta$ 时，V_{BLF} 正定且有界。反正，若 V_{BLF} 有界，则 $|s| < \beta$ 自然成立。又因为滤波误差 s 与输入 z 之间存在对应关系，所以可以从确保 s 有界推导出 z 的紧集域，从而满足紧集条件。

9. 神经元自增减步骤如下：

(1)初始化神经元个数 $M(t_i) = m_0 (t_i = 0, i = 0)$；

(2)检查第 $N \geq 1$ 个采样时刻 $t_i = T_s \cdot N$ 是否需要增减神经元，T_s 为采样周期。具体如下。

①计算 NN 输入 z 到神经元中心 μ_k 的距离：

$$d_k = 1 - \exp\left(-\|z - \mu_k\|\right) \quad k = 1, \cdots, M(t_i)$$

②搜索 d_k 最小值：$d_{\min} = \min_k (d_k)$。

③新增神经元判定：如果 $d_{\min} \geq d_g$，则 $B_{a,n} = 1, u_{M(t_i+1)} = z(t_i)$，否则 $B_{a,n} = 0$。

④剔除神经元判定：令 $B_{p,N} = 0$，如果 $d_k \geq d_p$，剔除该神经元且 $B_{P,N} = B_{P,N} + 1$，否则 $B_{P,N} = B_{P,N}$。

(3)更新神经元个数，$M(t_i) = M(t_i - T_s) + B_{a,N} - B_{P,N}$。

(4)进入下一个采样周期：$N = N + 1$。

其中，d_g 和 d_p 分别为自动增长阈值和自动剔除阈值，具体计算如下：

$$d_g = \rho \exp\left(-\frac{\chi |s(t_i)|}{M(t_i)}\right)$$

$$d_p = 1 - d_g = 1 - \rho \exp\left(-\frac{\chi |s(t_i)|}{M(t_i)}\right)$$

式中，$M(t)$ 为当前神经元的个数；$s(t)$ 为当前跟踪误差；ρ, χ 为设计参数。

在该方法中，当前神经元个数由当前时刻的跟踪误差和神经元个数综合得出，有效避免了因人工无法选取合适的神经元个数而导致的神经元数量过多或过少的问题。

习题 5

1. 控制输入是系统模型的隐函数，即控制量是以完全隐含的形式作用于系统，很难在模型未知时直接描述其与系统动态特性之间的关系。

2. 其不需要获取系统结构信息和模型参数(即先验知识)，且无须建立精确的数学模型。

3. BLAC 完整地继承了 MSAE-NN 的优质特性，网络具有结构多元化的基函数以及时变的理想权值，并且能够根据系统当前的输出偏差对神经元个数进行实时调整，能够有效避免对基函数结构参数的额外估计和人工选取步骤。

4. 控制算法本身并不依赖机器人动力学模型的精确信息，并且无须计算传统 NN 中庞大规模的权值估计向量，而是通过引入虚拟参数的方式巧妙地将矩阵运算转化为标量运算，因此控制器具有结构简单且易于开发的特点。

附　　录

1.2.5.4 节核心参考代码

```
for t = t0:ts:tstop
    i = i+1;
    r = 3*sin(0.1*pi*t);
    z1_dot = z2;
    z2_dot = z3;
    z3_dot = a1*(r -z1) - a2*z2 -a3*z3;
    z1 = z1_dot*ts + z1;
    z2 = z2_dot*ts + z2;
    z3 = z3_dot*ts + z3;
    xd = z1;
    xd_dot = z2;
    xd_2dot = z3;
    x1_err = x1 - xd;
    x2_err = x2 - xd_dot;
    x_err = [x1_err;x2_err];
    e = L'*x_err;
    E(i) = e;
    Lambda = x2_err - xd_2dot;
    x=[x1;x2];
    kesi = -K_gain*e - Lambda;
    zeta = [x;kesi];
    v_last = v;
    v = 0.5*e^2;

    %System Model
    if i>=1 && i<3000
        h = 3*u + 2*sin(u)+0.5*cos(x1+x2);
    elseif i>=3000 && i<5000
        h = 4*u + sin(x1*x2) * sin(u);
```

```
    else
        h = 0.5*sin(exp(-x1^2-x2^2)) - 0.5*cos(u) + 2*u;
    end
    o = h - c*u;


    w_sum = 0;
    for n = 1:k
        w_sum = w_sum + w(n);
    end
    if (w_sum <= 0 && abs(e)<=sigma)
        IncrsRequr_1_flag = 1;
    else
        IncrsRequr_1_flag = 0;
    end
    tm1=(v>=v_last);
    tm2=(abs(e)>mu_e && abs(e)<=sigma);
    if (tm1&&tm2)
        IncrsRequr_2_flag = 1;
    else
        IncrsRequr_2_flag = 0;
    end


    if   (IncrsRequr_1_flag == 1  && IncrsRequr_2_flag == 1)
        k = k + 1;
        cntr(:,k) = zeta;
    end
    w_sum = 0;
    for n = 1:k
        VIEW_MU1(i,n) = Mu(n);
    end


    if k>=1
        for n = 1:k
            Mu(n) = Mu(n) - LearnRate*(-(e) * w_nrml(n) * (-f_hat +
fk_hat(n)) * 2 * norm(abs(zeta- cntr(:,n)),inf)^2 / Mu(n)^3);
            R(n) = norm(abs(zeta - cntr(:,n)),inf)/Mu(n);
```

```
    w(n) = exp(-R(n)^2);
    if w(n) < 0.1
        w(n) = 0;
    end
    w_sum = w_sum + w(n);
end

%Adaptive Algorithm
f_hat = 0;
for m = 1:k
    if w_sum >0
        w_nrml(m) = w(m)/(w_sum);
    else
        w_nrml(m) = 0;
    end

    Phi_bsfcn(:,m) = [1; zeta - cntr(:,n)];

    if abs(e) > mu_e
        Thita_f_hat_dot(:,m) = e*Tao*w_nrml(m)*Phi_bsfcn(:,m);
    else
        Thita_f_hat_dot(:,m) = 0;
    end

    Thita_f(:,m) = Thita_f_hat_dot(:,m)*ts + Thita_f(:,m);

    THITA_F_1(m,i) = Thita_f(1,m);
    THITA_F_2(m,i) = Thita_f(2,m);
    THITA_F_3(m,i) = Thita_f(3,m);
    THITA_F_4(m,i) = Thita_f(4,m);

    fk_hat(m) = Phi_bsfcn(:,m)'*Thita_f(:,m);
    f_hat = f_hat+ w_nrml(m)*fk_hat(m);
    W_NRML(m,i) = w_nrml(m);
    FK_HAT(m,i) = fk_hat(m);
```

```
       if  norm(zeta-cntr(:,m))<Mu(m)
            F_HAT_EACH(m,i) = FK_HAT(m,i) ;
       else
            F_HAT_EACH(m,i)=nan;
       end
    end
end

%Controller
if e/mu_e > 1
    sat = 1;
elseif e/mu_e < -1
    sat = -1;
else
    sat = e/mu_e;
end
if e >0
    sgn_e =1;
elseif e<0
    sgn_e =-1;
else
    sgn_e =0;
end
if abs(e) < sigma
    u = - f_hat -K_gain*e - Lambda  - epsilon_f*sat;
else
    u = us(e,r,c);
end

%State Equation
x1_dot = x2;
x2_dot = h;
x1 = x1_dot*ts + x1;
x2 = x2_dot*ts + x2;
end
```

2.3.5.2 节核心参考代码

```
for t = t0:ts:tstop
    i = i + 1;
    % Desired Trajectory:
    r = sin(t) + 2*sin(0.5*t);
    z1_dot = z2;
    z2_dot = z3;
    z3_dot = a1*(r-z1) - a2*z2 -a3*z3;
    z1 = z1_dot*ts + z1;
    z2 = z2_dot*ts + z2;
    z3 = z3_dot*ts + z3;
    xd = z1;
    xd_dot = z2;
    xd_2dot = z3;

    % Tracking Error
    x1_err = x1 - xd;
    x2_err = x2 - xd_dot;
    x_err = [x1_err; x2_err];

    % Filtered Tracking Error
    e = L'*x_err;
    Lambda = x2_err - xd_2dot;
    x=[x1; x2];
    kesi = -K_gain * e - Lambda;
    zeta = [x; kesi];
    v_last = v;
    v = 0.5 * e^2;
    if i == 1
        v_last = v;
    end

    XD(i)=xd; XD_DOT(i)=xd_dot;
    X1(i) = x1; X2(i) = x2; KESI(i) = kesi;
    E(i) = e;
```

```
        V(i)=v;
        ZETA(:,i) = zeta;

        disable_num = 0;
        w_sum = 0;
        for n = 1:k
            R(n) = norm(abs(zeta - cntr(:,n)),inf)/Mu(n);
            w(n) = exp(-R(n)^2);
            if w(n) < tou
                disable_num = disable_num + 1;
            end
        end
        if disable_num == k
            IncrsRequr_1_flag = 1;
        else
            IncrsRequr_1_flag = 0;
        end
        tm1 = (v>v_last);
        tm2 = (abs(e)>mu_e);
        if (tm1 && tm2)
            IncrsRequr_2_flag = 1;
        else
            IncrsRequr_2_flag = 0;
        end
        if i == 1;
          IncrsRequr_3_flag = 1;
         else
          IncrsRequr_3_flag = 0;
          end

    if   ((IncrsRequr_1_flag == 1  && IncrsRequr_2_flag == 1) ||
(IncrsRequr_3_flag == 1) )
            k = k + 1;
            cntr(:,k) = zeta ;
            Add_time(k) = t;
        end
```

```
VIEW_MU1(i) = Mu(2);
w_sum = 0;
if k>=1
    for n = 1:k
        R(n) = norm(abs(zeta - cntr(:,n)),inf)/Mu(n);
        w(n) = exp(-R(n)^2);
        w_sum = w_sum + w(n);
        Gauss(i,n) = w(n);
    end

    % Adaptive Algorithm
    f_hat = 0;
    for m = 1:k
        if w_sum > 0
            w_nrml(m) = w(m)/(w_sum);
        else
            w_nrml(m) = 0;
        end

        Phi_bsfcn(:,m)=[1;chi*exp(-(zeta-cntr(:,m)).^2/(gkuan^2))];
        Thita_f_hat_dot(:,m)=-K_gain*Thita_f(:,m)+e/(sigma^2-e^2)
* Tao * w_nrml(m) * Phi_bsfcn(:,m);
        Thita_f(:,m) = Thita_f_hat_dot(:,m)*ts + Thita_f(:,m);

        fk_hat(m) = Phi_bsfcn(:,m)' * Thita_f(:,m);
        f_hat = f_hat + w_nrml(m) * fk_hat(m);
        W_NRML(m,i) = w_nrml(m);
        FK_HAT(m,i) = fk_hat(m);

        if norm(zeta-cntr(:,m))<Mu(m)
            F_HAT_EACH(m,i) = FK_HAT(m,i) ;
        else
            F_HAT_EACH(m,i)=nan;
        end
    end
```

```
    end

    % Controller
    if e/mu_e > 1
        sat = 1;
    elseif e/mu_e < -1
        sat = -1;
    else
        sat = sin(pi/2* e/mu_e);
    end
    u1 = -K_gain*e/c + ( - Lambda - epsilon_f*sat)/c;
    u2 = 0;
    u3 = -f_hat/c;
    u = u1 + u2 + u3;

    % System Model
    if x1+x2 < 0
        h =  u + 0.5*sin(u) + ydist(i);
    else
        h = sin(x1+x2)+ u + 0.5*sin(u)+ ydist(i)  ;
    end
    o = h - c*u;

    %State Equation
    x1_dot = x2;
    x2_dot = h;

    x1 = x1_dot*ts + x1;
    x2 = x2_dot*ts + x2;

    K(i)=k;
    H(i) = h;
    F_HAT(i) = f_hat;
    U(i)=u; U1(i)=u1; U2(i)=u2; U3(i)=u3;
end
```

3.4.5.3 节核心参考代码

```
NumGroup = [5,5];
NumGroups(tau,:)=NumGroup;
NNGroup_Index = NumGroup;
TotalNums(tau) = 0;
for l = 1:1:length(NumGroup)
    TotalNums(tau) = TotalNums(tau) + NumGroup(l);
end

C0 = [0.5  0 0.5*pi  0;...
      0.5  0 0.5*pi  0];

for l=1:1:length(NumGroup)
    for jj=1:1:NumGroup(l)
        C{l}(jj,:) = C0(l,:);
        Ti(l,jj)=0;
        Ai(l,jj)=0;
        I(l,jj)=1;
    end
end

for i=1:1:n
    tt = i*step;
    xd = 0.5*sin(pi*tt);
    dot_xd = 0.5*pi*cos(pi*tt);
    ddot_xd = -0.5*pi^2*sin(pi*tt);
    e = (x1-xd)*2 + (x2-dot_xd);
    xs(i)=e;
    xds(i)=xd;

    if j==1
        es1(i)=e;
        x1s(i)=x1;
        xe1s(i)=x1-xd;
    end
```

```matlab
z = [e/beta, xd, dot_xd, ddot_xd];
SumPhi = 0;
for l = 1:1:length(NumGroup)
    sumphi=0;
    for jj=1:1:NNGroup_Index(l)
        phi(l,jj) = GetPhi(l,z,C{l}(jj,:),mu);
        % smooth pruning
        if Ti(l,jj)>0
            TTi = (tt - Ti(l,jj))/nu;
            if TTi<1 && TTi>=0
                I(l,jj) = 0.5 - 0.5*sin(-pi/2 + pi*(tt-Ti(l,jj))/
nu);
            elseif TTi<0
                I(l,jj) = 1;
            else
                I(l,jj) = 0;
            end
        end
        % smooth growing
        if Ai(l,jj)>0
            TTi = (tt-Ai(l,jj))/nu;
            if TTi<1 && TTi>=0
                I(l,jj) = 0.5 + 0.5 * sin(-pi/2 + pi*(tt-Ai(l,jj))/
nu);
            elseif TTi<0
                I(l,jj)=0;
            else
                I(l,jj)=1;
            end
        end
        sumphi = (I(l,jj) * phi(l,jj))^2 + sumphi;
    end
    SumPhi = SumPhi + sumphi;
end
Phi = sqrt(SumPhi+1);
```

```
    if j==1
        hatws1(i) = hat_w;
    elseif j==2
        hatws2(i) = hat_w;
    end
    dot_hat_w = -lamda1 * hat_w + lamda2 * e^2 * SumPhi /((beta^2-e^2)*
(abs(e)*Phi + verseta*(beta^2-e^2)));
    hat_w = hat_w + step * dot_hat_w;

    % Controller
    u = -k0 * e - (hat_w * e * SumPhi) / (abs(e)*Phi + verseta * (beta^2-
e^2));
    if j==1
        us1(i)=u;
    else
        us2(i)=u;
    end

    dot_x1 = x2;
    if tt<3
        dot_x2 = (x1^2 + 2)*u + cos(u) + exp(-(x1^2+x2^2)) + sin(10*pi*tt);
    else
        dot_x2 = (x1^2 + 2)*u + cos(u) + exp(-(x1^2+x2^2)) + square
(10*pi*tt);
    end
    x1 = x1+dot_x1*step;
    x2 = x2+dot_x2*step;

    ADDTT = fix(i/Ts);
    if ADDTT > ADDT
        ADDT = ADDTT;
        tau = tau+1;
        phi_p = 1 - rho_p * exp(-abs(N_m*(e) / TotalNums(tau-1)));
        phi_d = rho_d * exp(-abs(N_m*(e) / TotalNums(tau-1)));
        TotalNum = 0;
```

```
        for l = 1:1:length(NumGroup)
            phimax = I(l,1) * phi(l,1);
            JN = 0;
            for ii = 1:1:NNGroup_Index(l)
                if phimax < phi(l,ii) * I(l,ii)
                    phimax = phi(l,ii) * I(l,ii);
                end

                if Ti(l,ii)>0
                    ;
                else
                    if phi(l,ii) < phi_d
                        Ti(l,ii) = tt;
                        Ai(l,ii) = 0;
                        JN = JN+1;
                    end
                end
            end
            if phimax <= phi_p
                NumGroup(l) = NumGroup(l) + 1;
                NNGroup_Index(l) = NNGroup_Index(l) + 1;
                Ai(l,NNGroup_Index(l)) = tt;

                c1=xs(i)/beta; c2=xd; c3=dot_xd; c4=ddot_xd;
                C{l}(NNGroup_Index(l),:) = [c1,c2,c3,c4];
                phi(l,NNGroup_Index(l)) = GetPhi(l,z,[c1,c2,c3,c4],mu);

                Ti(l,NNGroup_Index(l)) = 0;
            end
            NumGroup(l) = NumGroup(l) - JN;
            NumGroups(tau,l) = NumGroup(l);
            TotalNum = TotalNum + NumGroup(l);
            TotalNums(tau) = TotalNum;
        end
    end
end
```

4.5.5.2 节核心参考代码

```
for i=1:1:n
    tt = i*step;
    xd1 = cos(pi*tt);
    dt_xd1 = -pi*sin(pi*tt);
    ddt_xd1 = -pi^2 * cos(pi*tt);
    xd2 = sin(pi*tt);
    dt_xd2 = pi*cos(pi*tt);
    ddt_xd2 = -pi^2*sin(pi*tt);

    xd1s(i) = xd1; xd2s(i) = xd2;
    q = [q1; q2; q3];
    dt_q = [dt_q1;dt_q2;dt_q3];

    J=[-(l_1*sin(q1)+l_2*sin(q1+q2)+l_3*sin(q1+q2+q3)),
-(l_2*sin(q1+q2)+l_3*sin(q1+q2+q3)), -l_3*sin(q1+q2+q3);...
        l_1*cos(q1)+l_2*cos(q1+q2)+l_3*cos(q1+q2+q3),
l_2*cos(q1+q2)+l_3*cos(q1+q2+q3), l_3*cos(q1+q2+q3)];
```

```
dt_J=[-(l_1*cos(q1)*dt_q1+l_2*cos(q1+q2)*dt_q1+l_2*cos(q1+q2)*dt_q2+
l_3*cos(q1+q2+q3)*dt_q1+l_3*cos(q1+q2+q3)*dt_q2+l_3*cos(q1+q2+q3)*dt
_q3),...

-(l_2*cos(q1+q2)*dt_q1+l_2*cos(q1+q2)*dt_q2+l_3*cos(q1+q2+q3)*dt_q1+
l_3*cos(q1+q2+q3)*dt_q2+l_3*cos(q1+q2+q3)*dt_q3),...

-(l_3*cos(q1+q2+q3)*dt_q1+l_3*cos(q1+q2+q3)*dt_q2+l_3*cos(q1+q2+q3)*
dt_q3);...

-(l_1*sin(q1)*dt_q1+l_2*sin(q1+q2)*dt_q1+l_2*sin(q1+q2)*dt_q2+l_3*si
n(q1+q2+q3)*dt_q1+l_3*sin(q1+q2+q3)*dt_q2+l_3*sin(q1+q2+q3)*dt_q3),.
..
```

```
-(l_2*sin(q1+q2)*dt_q1+l_2*sin(q1+q2)*dt_q2+l_3*sin(q1+q2+q3)*dt_q1+
l_3*sin(q1+q2+q3)*dt_q2+l_3*sin(q1+q2+q3)*dt_q3),...

-(l_3*sin(q1+q2+q3)*dt_q1+l_3*sin(q1+q2+q3)*dt_q2+l_3*sin(q1+q2+q3)*
dt_q3)];

        x1 = l_1*cos(q1) + l_2*cos(q1+q2) + l_3*cos(q1+q2+q3);
        x2 = l_1*sin(q1) + l_2*sin(q1+q2) + l_3*sin(q1+q2+q3);
        dt_x = J * dt_q;
        dt_x1 = dt_x(1);    dt_x2 = dt_x(2);
        e1 = x1 - xd1;
        e2 = x2 - xd2;
        xs1(i) = x1;    xs2(i) = x2;
        q1s(i) = q1;    q2s(i) = q2;    q3s(i) = q3;
        es1(i) = e1;    es2(i) = e2;

        dt_e1 = dt_x1 - dt_xd1;
        dt_e2 = dt_x2 - dt_xd2;
        er1 = lamd1 * e1 + dt_e1;
        er2 = lamd1 * e2 + dt_e2;
        E(1)=er1;       E(2)=er2;
        ers1(i)=er1;    ers2(i)=er2;
        Es(i,:)= norm(E);

        z = [E(1), E(2), dt_e1,dt_e2, xd1, xd2, dt_xd1, dt_xd2, ddt_xd1,
ddt_xd2];
        if i==1
            C0 = [z;z];
            for l=1:1:length(NumGroup)
                for jj=1:1:NumGroup(l)
                    C{l}(jj,:) = C0(l,:);
                    Ti(l,jj)=0;
                    Ai(l,jj)=0;
                    I(l,jj)=1;
                end
            end
```

```
    end

    SumPhi = 0;
    for l = 1:1:length(NumGroup)
        sumphi=0;
        for jj=1:1:NNGroup_Index(l)
            phi(l,jj) = GetPhi(l,z,C{l}(jj,:),mu);
            if Ti(l,jj)>0
                TTi = (tt - Ti(l,jj))/nu;
                if TTi<1 && TTi>=0
                    I(l,jj) = 0;
                elseif TTi<0
                    I(l,jj) = 1;
                else
                    I(l,jj) = 0;
                end
            end
            if Ai(l,jj)>0
                TTi = (tt-Ai(l,jj))/nu;
                if TTi<1 && TTi>=0
                    I(l,jj)=1;
                elseif TTi<0
                    I(l,jj)=0;
                else
                    I(l,jj)=1;
                end
            end
            sumphi = (I(l,jj) * phi(l,jj))^2 + sumphi;
        end
        SumPhi = SumPhi + sumphi;
    end
    Phi = sqrt(SumPhi+1);
    Phis(i) = Phi;
    dot_hat_w = -lamda1 * hat_w + lamda2 * norm(E)^2 * SumPhi /
((beta^2-norm(E)^2)*(norm(E)*Phi + verseta*(beta^2-norm(E)^2)));
    hat_w = hat_w + step * dot_hat_w;
```

```
    hatas1(i) = hat_w;


    % Controller
    u = -J'/norm(J) * (k0*E' + (hat_w * E' * SumPhi) / (norm(E)*Phi
+ verseta * (beta^2-norm(E)^2)));


    unns(:,i) = - J'/norm(J) * ((hat_w * E' * SumPhi) / (norm(E)*Phi
+ verseta * (beta^2-norm(E)^2)));
    ufbs(:,i) = - J'/norm(J) * k0*E';
    uss1(i)=u(1);
    uss2(i)=u(2);
    uss3(i)=u(3);


    TauU(1)=a0*u(1) + a1*tanh(a2*u(1));
    TauU(2)=b0*u(2) + b1*tanh(b2*u(2));
    TauU(3)=c0*u(3) + c1*tanh(c2*u(3));


    alpha_1 = Iz_1+m_1*lc_1^2+(m_2+m_3)*l_1^2;
    alpha_2 = Iz_2+m_2*lc_2^2+m_3*l_2^2;
    alpha_3=(m_2*lc_2+m_3*l_2)*l_1;
    alpha_4=Iz_3+m_3*lc_3^2;
    alpha_5=m_3*l_1*lc_3;
    alpha_6=m_3*l_2*lc_3;
    beta_1=(m_1*lc_1+m_2*l_1+m_3*l_1)*g;
    beta_2=(m_2*lc_2+m_3*l_2)*g;
    beta_3=m_3*lc_3*g;



M(1,1)=alpha_1+alpha_2+alpha_4+2*alpha_3*cos(q2)+2*alpha_5*cos(q2+q3
)+2*alpha_6*cos(q3);


M(1,2)=alpha_2+alpha_4+alpha_3*cos(q2)+alpha_5*cos(q2+q3)+2*alpha_6*
cos(q3);
    M(2,1)=M(1,2);
    M(1,3)=alpha_4+alpha_5*cos(q2+q3)+alpha_6*cos(q3);
    M(3,1)=M(1,3);
```

```
    M(2,2)=alpha_2+alpha_4+2*alpha_6*cos(q3);
    M(2,3)=alpha_4+alpha_6*cos(q3);
    M(3,2)=M(2,3);
    M(3,3)=alpha_4;


H(1,1)=-alpha_3*(2*dt_q1+dt_q2)*dt_q2*sin(q2)-alpha_5*(2*dt_q1+dt_q2
+dt_q3)*(dt_q2+dt_q3)*sin(q2+q3)-alpha_6*(2*dt_q1+2*dt_q2+dt_q3)*dt_
q3*sin(q3);


H(1,2)=alpha_3*dt_q1^2*sin(q2)+alpha_5*dt_q1^2*sin(q2+q3)-alpha_6*(2
*dt_q1+2*dt_q2+dt_q3)*dt_q3*sin(q3);


H(1,3)=alpha_5*dt_q1^2*sin(q2+q3)+alpha_6*(dt_q1+dt_q2)^2*sin(q3);

    G(1,1)=beta_1*cos(q1)+beta_2*cos(q1+q2)+beta_3*cos(q1+q2+q3);
    G(1,2)=beta_2*cos(q1+q2)+beta_3*cos(q1+q2+q3);
    G(1,3)=beta_3*cos(q1+q2+q3);

    ddt_q = (-inv(M)*H'- inv(M)*G' + inv(M) * TauU');
    ddt_q1 = ddt_q(1);
    ddt_q2 = ddt_q(2);
    ddt_q3 = ddt_q(3);
    dt_q1 = dt_q1 + ddt_q1*step;
    dt_q2 = dt_q2 + ddt_q2*step;
    dt_q3 = dt_q3 + ddt_q3*step;
    q1 = q1 + dt_q1*step;
    q2 = q2 + dt_q2*step;
    q3 = q3 + dt_q3*step;
    ADDTT = fix(i/Ts);
    if  ADDTT > ADDT
        ADDT = ADDTT;
        tau = tau+1;
        phi_p = 1 - rho_p * exp(-abs(N_m*(norm(E)) / TotalNums
(tau-1)));
        phi_d = rho_d * exp(-abs(N_m*(norm(E)) / TotalNums(tau-1)));
```

```
TotalNum = 0;
for l = 1:1:length(NumGroup)
    phimax = I(l,1) * phi(l,1);
    JN = 0;
    for ii = 1:1:NNGroup_Index(l)
        if phimax < phi(l,ii) * I(l,ii)
            phimax = phi(l,ii) * I(l,ii);
        end
        if Ti(l,ii)>0
            ;
        else
            if phi(l,ii) < phi_d
                Ti(l,ii) = tt;
                Ai(l,ii) = 0;
                JN = JN+1;
            end
        end
    end
    if phimax <= phi_p
        NumGroup(l) = NumGroup(l) + 1;
        NNGroup_Index(l) = NNGroup_Index(l) + 1;
        Ai(l,NNGroup_Index(l)) = tt;
        C{l}(NNGroup_Index(l),:) = z;
        phi(l,NNGroup_Index(l)) = GetPhi(l,z,z,mu);
        Ti(l,NNGroup_Index(l)) = 0;
    end
    NumGroup(l)  = NumGroup(l) - JN;
    NumGroups(tau,l) = NumGroup(l);
    TotalNum = TotalNum + NumGroup(l);
    TotalNums(tau) = TotalNum;
end
end
end
```